Aurelio Marinati

La prima parte della somma di tutte le scienze

nella quale si tratta delle sette arti liberali : in modo tale che ciascuno potra da se

introdursi nella grammatica, retorica, logica, musica, aritmetica, geometria,

astrologia

Aurelio Marinati

La prima parte della somma di tutte le scienze
nella quale si tratta delle sette arti liberali : in modo tale che ciascuno potra da se introdursi nella grammatica, retorica, logica, musica, aritmetica, geometria, astrologia

ISBN/EAN: 9783742887498

Manufactured in Europe, USA, Canada, Australia, Japa

Cover: Foto ©berggeist007 / pixelio.de

Manufactured and distributed by brebook publishing software (www.brebook.com)

Aurelio Marinati

La prima parte della somma di tutte le scienze

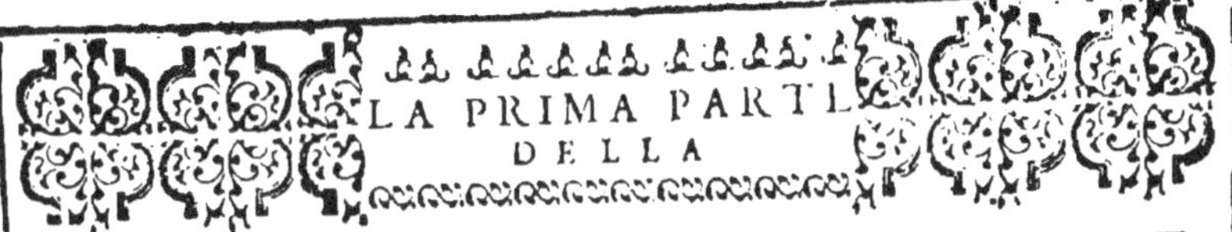

LA PRIMA PARTE
DELLA

SOMMA DI TVTTE LE SCIENZE

NELLA QVALE SI TRATTA DELLE SETTE ARTI LIBERALI,

In modo tale che ciascuno potrà da se introdursi nella Grammatica, Rettorica, Logica, Musica, Aritmetica, Geometria, & Astrologia,

Di Aurelio Marinati Dottor di Leggi da Rauenna.

AL SANTIS. ET BEATIS. SISTO V. PONT. OTTIMO MASSIMO.

CON PRIVILEGII ET LICENZA DE SVPERIORI.

IN ROMA, Appresso Barthelemeo Bonsadino. 1587.

AVRELIVS MARINATVS·I·V·D·RAVENNAS ÆTAT·SVÆ ANNORVM·XXX·

AL SANTISS. ET BEATISS.

SISTO QVINTO PONT.

OTTIMO MASSIMO.

E per corso di natura picciol riuo, ò fiume con dolce & velocissimo mormorio, partẽdosi dal cauernoso sasso, onde scaturir si vede, al grande Oceano come à suo antico signore e padre si congiunge: perche non deueno questi miei picciolissimi riui di virtù correr lieti à piedi della S^tà^ vostra, come à vasto Mare di somma gratia, & soprema virtù? Certo che la natura glielo detta, e la ragione senz'altro dubitare glielo persuade co'l fondamẽto della salda fede, & interrotta deuotione che ho sẽpre hauuta nella Santità V. Per gratia dũque piaccia alla B. V. con la solita gratitudine dell'animo suo inuitto, & soprano, non risguardãdo alla bassezza del dono; ma alla constantissima deuotione di chi se gli dedica, e dona à tutte l'hore, contemplandola à guisa d'intrepida Fenice, d'accettar queste mie nouelle primitie, fin che la seconda e terza parte d'esse sarãno à termine simile ridotte, nelle quali sarà la Filosofia Naturale e Morale cõ la somma del corpo di ragione Ciuile e Canonica, e per compimento la sacra Theologia: & cõ fine in buona gratia della S. V. humilmente gli bascio il piede, Di Roma alli 22. d'Aprile 1587.

D. V. B.

Deuotissimo seruo

Aurelio M-rinati D.

TAVOLA DELLI CAPI CHE SI trattano nell'Opera.

Della Rettorica.

&

Della Dialettica.

Del-

Della Musica.

Dell'Aritmetica.

Della Geometria.

D el-

Dell'Astrologia.

GRĀMATICA

DELLA GRAMMATICA.

GLI huomini di perfetta cognitione, viddero esser molto necessario per giouar à secoli futuri, ritrouar modo d'impadronirsi dell'arti liberali come di fidata scala per salire all'altre più pregiate sciēze: & finalmente farsi d'esse possessori: e perciò si risolsero di poeticamente figurare vn'amenissimo colle di virtù, cō sette cortesissime Donzelle, che in custodia d'esso se ne stauano; per caramente accettare chiunche è desideroso di gustar questa piaceuol & dilettosa amenità. La prima delle quali ripiena d'ogni materno amore fù nomata GRAMMATICA, laquale se ne staua à piedi dell'amenissimo colle pronta à dimostrar la strada à chi è desideroso di sapere, acciò col mezo d'essa, apprese le maniere del parlare, & scriuer rettamente, se ne salisse all'altre amate & piaceuoli sorelle; & ordinatamente alla seconda RETTORICA nomata, acciò co'l mezo d'essa s'imparasse il modo di parlar copiosa & ornatamente di qual si voglia cosa proposta, co'l mezo della quale salendo più sù, se n'andasse alla terza nomata DIALETICA per poter co'l mezo d'essa acquistare le regole di discerner il vero dal falso con ragione: poi passarsene alla quarta ornatissima Donzella nomata MVSICA, per far co'l mezzo d'essa dilettoso acquisto de suauissimi accenti, & piaceuol'armonia. & insieme insieme alla quinta nomata ARITMETICA, per goder in atto il gratiosissimo priuilegio cōcesso al solo huomo di poter discorrer numerando; & con quest'arte ritrouar cose di merauiglioso ſtupore, in modo che partendoſi da queſta ſalendo più sù, accoſtarſi alla ſeſta damigella dilletteuole, nomata GEOMETRIA, per impatronirſi co'l mezo di lei del modo di ſaper le diſtanze di luogo à luogo, l'altezze, baſſezze & profondità di qual ſi vogli coſa per arditamente ſalir alla celeſte ſettima damigella ASTROLOGIA chiamata, acciò co'l mezo d'eſſa l'huomo impadronir ſi poſſa de la facondiſſima ſcienza delle coſe del cielo, delle quali tutte volendone noi ragionare con quella breuità che ſi poſſi maggiore, poſcia che queſto è l'oggetto noſtro principale, diremo, che la GRAMMATICA è vn'arte di parlar, e ſcriuer rettamente, nella quale vi ſono le lettere, le quali ſono come elementi, con che ſi compongono le voci.

In queſte lettere ſi conſiderano cinque coſe, cioè, figura, nome, proferir, ordine & cognitione.

Si conſidera la figura, perche le lettere ſono differenti, come per eſſẽpio A e B; ma qui faria forſe biſogno, che ſi trattaſſe d'ogni ſorte di lettere, come Ebraice, Caldee, Grece, & Latine, Arabe, Armene, e Turcheſche, delle quali ſi è abondeuolmente trattato nelle ſtampe. Ma perche quì s'intende ragionare delle lettere del noſtro idioma, ſi tralaſcierà ogn'altra.

Queſta noſtra lettera ſi forma in più caratteri, cioè, cancellareſca, mercantile, & in diuerſi altri modi, come da più moderni vien trattato.

Queſte noſtre lettere altre ſono maiuſcole, come quelle che ſi fanno nel principio d'vn opera; altre poi ſono capouerſi & vn poco più picciole, che ſi fanno in principio d'vn verſo ò clauſula, ò vero che denoti nome proprio.

Sono anche altre lettere dette finali, come queſte che ſi veggono.

Erano anco appreſſo gl'Egittij lettere, che vna ſola dimoſtraua vna ſentenza, che furono dette Geroglifiche, delle quali anco ne ſono trattati alle ſtampe.

Sono anche alcune lettere tagliate come. ꝑ. p̄. ꝓ. Nel ſcriuer queſte lettere noſtre ſarà bene auertire d'oſſeruare l'equalità e diſtanza fra loro, acciò doue ſi deue ſcriuer le maiuſcole, nõ

ſi ſcri-

si scriuino le minori.

Ne si deue anco tralasciar d'osseruare nel scriuer gl'interualli, & linee, & far le lettere eguali, e rette, & che le haste nō eccedino i loro corpi, ma bene proportionatamente da vna lettera all'altra, cioè riga, vi sia spatio di due lettere, accioche le hasti nō s'attacchino insieme: il spatio poi da vna parola all'altra potrà esser d'vn punto, acciò le parole siano distinte.

Le lettere di nostra lingua, & che à noi sono notorie, sono al numero di vintisei incominciando, dalla A. b. c. d. e. f. g. h. i. k. l. m. n. o. p. q. r. ſ. t. u. x. y z. &. ɔ. ℞. parte delle quali nel scriuer volgarmente si trouano in dissuetudine, come le sei vltime.

La lettera è la minima parte del ragionare, & da queste lettere si formano le sillabe, dalle sillabe le parole, dalle quali si forma l'oratione; ò vero ragionamento.

La lettera è, per essempio, come A. b.

La sillaba, come ab.

La parola, come Aurelio.

La oratione è come Aurelio è filosofo.

La lettera adunque è, vna voce indiuidua, che separar non si puo.

La sillaba è vna colliganza di più lettere sotto vn'accento.

La parola poi è minima parte dell'oratione quanto al senso.

La oratione è vna ordinanza di parole, che dimostra vna perfetta sentenza.

Le predette lettere si diuidono, poscia che alcune d'esse sono vocali, & altre consonanti.

Le lettere vocali sono cinque, come a. e. i. o. u.

Le lettere consonanti sono sedici, cioe, b. c. d. f. g. k. l. m. n. p. q. r. ſ. t. x. z. l' h. non è lettera, ma segno d'aspiratione.

Di queste cōsonāti alcune sono mute, & alcune semiuocali.

Le mute sono noue, cioe, b. c. d. f. g. p. q. t. z.

Le semiuocali sono sei, cioe, l. m. n. r. ſ. & x.

Le cōsonanti sono due ogni volta, che ne segue dietro la vocale, come i. & u. come dall'essempio di, Giulio, si vede.

Le lettere x. & z. sono doppie consonanti.

Le lettere l. r. si chiamano liquide.

E s'alcuno saper volesse che spirito, ò suono portino seco le predette lettere, legga le prose del Bembo nel suo secōdo libro.

DELLA SILLABA.

LA Sillaba è vna colligāza di più lettere sotto vn' accento.

Nella Sillaba si considera quattro cose, cioè, numero, spirito, tempo, e tuono.

Il numero sarà almeno di due lettere.

Il spirito è la pronuntia della sillaba più dolce, ò piu aspra.

Il tempo poi, ò longo, ò breue si può dire.

Similmente il tuono sarà piaceuole, ò no.

DELLE DITTIONI ò vero parole.

LA dittione, ò vero parola è vna colliganza di sillabe, & mentre vna sillaba sola dimostra qualche cosa, non è sillaba, ma parola, come, dò, & simile.

Nelle dittioni cōsiderar si deue le loro figure, cioè l'Etimologia, la Sincope, la Epētesi, l'Apocope, l'Aferesis, la Protesis, la Paragoge, l'Apostrophos, la Sinalepha, l'Etipsis, la Hyppe, la Dieresis, l'Anteptesis, la Metatesis, la Sistole & la Ectasis.

La Etimologia, come madre dimostra l'origine delle parole come per essempio frigido detto da fredo; e chi desidera sopra ciò veder molte cose, legga Varrone.

La Sincopa, è vna figura che leua la lettera, ò sillaba di mezo la parola, come appresso latini, audacter pro audaciter.

La Epentesis è vn interporre vna sillaba di più, come Induperator pro Imperator.

La Apocope, è vn leuar la sillaba in fine de la parola, & è molto vsitata da Greci, come, nò in luogo di non.

La Apheresis, è vn leuar la prima sillaba delle parole, come po

ne,

ne,per depone.

La Protesis è crescer nel principio della parola,come in scãbio,per incambio.

La Paragoge è crescer la parola nel fine frequentata da Greci,come.in scambio di no,dir non.

La Postrophos denota vn riuoltarsi chiamãdo,& inuocando.

La Sinalefa collide la vocale inanzi la vocale,& è molto osseruata fra noi nello scriuere.

La Etipsis quando la parola finisce in m, come Abraam per Abraamo.

La Hippe è virgula ch'aggionge due sillabe ò in vna parola o in due vsitate da Ebrei & Francesi, come in Italiano,che è, per, ch'è.

La Dieresis è mentre che si diuide vna sillaba,come secondo Latini voluesti,& voluisti.

La Antetesis pone vna lettera per vn'altra, come,sauere in loco di sapere.

La Mettatesis trasporta la lettera.

La Sistole quando s'abbreuia la parola fuori della natura sua.

La Ectasis è quando s'estende la parola contra la natura sua facendo le prolationi che deueno esser breue,longhe.

DELLE DITTIONI & suoi generi.

APpresso i Latini da quali è tratta questa nostra lingua le parti dell'oratione sono otto,cioe,Nome,Pronome, Verbo,Participio,Auuerbio , Prepositione, Interiettione & Coniuntione.

Di queste otto parti dell'oratione, alcune sono declinabili, & alcune indeclinabili.

Quelle, che si declinano sono quattro,cioe,Nome, Verbo, Participio,& Pronome.

Il nome è parte,che significa la sostanza, ò qualità propria ò ver commune come Roma,ò Venetia.

Il Ver-

Il Verbo è, come Leggo, canto, & ſcriuo.

Il Participio è quello, che dimoſtra coſa che operi, & queſto attiuamente: paſſiuamente poi ſignifica coſa operata.

Il Pronome, è quello, che ſi nomina in vece del nome, come, Io; tu; & ſimili. & queſti pronomi ſono declinabili, come appreſſo Guerrino chiaramente ſi puo vedere.

La prepoſitione è quella, che và auanti il nome.

L'Auuerbio è quello, che ſtà appreſſo il verbo, o auanti, ò doppo, come, grandamente ſpero, & ſimili.

La Interiettione è voce, che dimoſtra la paſsione, & affetto dell'animo, come, hoime, & ſimili.

La Congiontione è quella, che congiunge le parti dell'oratione, come, Aurelio & Fabio: è perche nell'oratione è neceſſario concordar queſte parti, però ſarà bene ragionarne.

DELLA CONCORDANZA.

LA Concordanza è quella, che concorda le parti dell'oratione inſieme.

Le Concordanze ſono di tre ſorti, cioe, del Adiettiuo co'l Soſtantiuo.

Del Nome co'l Verbo & del Relatiuo co'l antecedente.

La Concordanza dell'adiectiuo co'l ſoſtantiuo ſi concorda nel genere, numero, e caſo, come, Pontefice Santo.

La Concordanza del Nome è Verbo ſi concorda nella perſona e numero, come, l'huomo ſpera.

La Concordanza del Relatiuo con l'antecedente ſi concorda in genere, & in numero, come, Aurelio ilquale.

DELLI NOMI.

LI Nomi ſono ò ſoſtantiui, come Pontefice, Re, e Duca, & ſimili: & ſono detti ſoſtantiui, perche ſtãno ſotto li aggiõtiui. Sono anco li nomi aggiõtiui coſi detti, perche ſono aggionti alli ſoſtantiui.

Intor-

Intorno à questi nomi si considerano cinque cose, cioe, Genere, Numero, Caso, Persona & Declinatione.

Il Genere è ò mascolino, ò feminino, o mascolino e feminino insieme, ò vero mascolino, feminino e neutro.

Il Numero ò che è singolare, ò plurale.

Il Numero singolar è quello, che significa persona sola. come, Aurelio.

Il Numero plurale è quello, che significa piu persone, come gli huomini.

Il Caso, ò che è nominatiuo, come, Aurelio; o Genitiuo, come, di Aurelio; ò dattiuo, come, ad Aurelio, ò accusatiuo, come, Aurelio; o Vocatiuo, come ò Aurelio; o Ablatiuo, come, da Aurelio.

Si dice Nominatiuo, perche nomina: Genitiuo, perche Genera: Dattiuo, perche dà: Accusatiuo, perche accusa: Vocatiuo, perche chiama: Ablatiuo, perche priua. La persona del nome ò che è seconda, nel vocatiuo, ò terza nel nominatiuo.

DELLE DECLINATIONI.

LA declinatione è quella, che n'insegna declinando li nomi, & verbi participij, & pronomi.

Le Declinationi sono cinque, la prima declinatione è quella, che declinando li nomi finisce in ae nel genitiuo singolare, & come Papa Papæ; & questo appresso Latini.

La seconda finisce in ij, longo, come, Petrus Petri.

La terza finisce in is: come, pater, patris.

La quarta finisce in us, come visus visus; & questo appresso Latini.

Per breuità si tralascia li nomi, li modi del declinare: & s'alcuno fosse desideroso di vederli, ricorri al Guerrino, che con facil modo dimostra il declinar li Nomi, Verbi, Participij & Pronomi.

DEL.

DELLI VERBI.

LI verbi ſono,ò perſonali, che variano per tre perſone & due numeri.

Nei verbi ſi conſideran ſei coſe,la ſpecie, che ſi conoſce dalla deſinenza,come in o,Amo,& è attiua.

Il tempo,qual è o,preſente,in fatto come amo;ò imperfetto, come amaua;ò ver perfetto,come hò amatto; ò più che perfetto,come io haueua amato;ò ver futuro,come io amarò.

Il modo,ò che è indicatiuo,come,amo & è detto indicatiuo. perche dimoſtra, ò vero, imperatiuo, come ama; & è detto imperatiuo perche comanda,ò vero è ottatiuo, come Dio voglia che ami, & è detto ottatiuo, peche deſidera, ò vero è ſogiontiuo,come quando io ami, & è detto ſogiuntiuo.perche ſogionge,ò vero è infinito,come,amare,perche non hà fine.

DELLE PERSONE.

LA perſona prima è io amo

La ſeconda è tu ami,la terza è Aurelio ama.

DELLI NVMERI.

IL Numero è ſingolare,come io amo.

Il Numero plurale,è noi amamo.

DELLE CONGIVGATIONI De' Verbi.

LA congiugatione ſi conoſce dalla ſeconda perſona del verbo del modo indicatiuo.

Le congiugationi ſono quattro,la prima è come Amo,amas, ideſt,Io amo & Amor amaris,ideſt,Io ſon'amato.

La ſeconda è Doceo doces,& doceor doceris, ideſt, io inſegno,& ſon'inſegnato.

La

La terza è lego, legis, & legor legeris breue, ideſt, Io leggo, & ſon letto.

La quarta è Audio, audis, & audior audiris longo, ideſt, io odo, & ſono odito.

Queſte coniugationi ſono attiue, ò paſſiue: ſono attiue quando finiſcono in, o.

Sono paſſiue poi, mentre finiſcono in or, come di ſopra è detto appreſſo latini; ma appreſſo volgari malamente ſi poſſono dar queſte coniugationi; e perciò ſi danno gl'eſſempij ſopradetti.

DE VERBI JMPERSONALI.

IL verbo Imperſonale è quello che non hà perſona come el ſidice, & ſi legge.

Ne i verbi impersonali ſi conſiderano quattro coſe, cioe, La ſpecie, che ſi conoſce della deſinenza del verbo, come in. t. pænitet, & è attiua: ma quando finiſce in tur. è paſſiua, come amatur.

Si conſidera anco il tempo & modo, come ne i verbi perſonali è ſopradetto: ne ſia d'amiratione che ſi pōghi queſti eſſempi latini, parlando noi vulgare, perche è neceſſario coſi in queſti luoghi.

DELLI PARTICIPII.

NE i participij ſi conſideran le iſteſſe coſe che ne i nomi ſono ſtate dette: Ma di più ſi conſidera donde deriuano, e da che verbo, come, l'amante dell'amar, & ſimili.

Di più ſi conſidera il tempo, ò che è preſente, ò preterito, ò futuro.

Li participij deriuano dalli verbi attiui, paſsiui, neutri & deponenti, ſi come appreſſo Grammatici breuemente ſi tratta.

DELLI PRONOMI.

IL pronome è quello come di sopra è detto. Nel pronome si considera il caso, numero, genere & persona, come nelli nomi di sopra è stato detto.

DELLE PREPOSITIONI.

LA Prepositione è, come di sopra è detto. Le prepositioni, ò che serueno all'accusatiuo, o all'ablatiuo, o all'vno e l'altro.

Le Prepositioni, che seruono all'accusatiuo sono, appresso, auanti, attorno, oltra, eccetto, perche, sopra, & altre, come appresso Guerrino.

Le Prepositioni che serueno all'ablatiuo sono, da, senza, con, alla presenza, & altre simili, come appresso Guerrino, oue abõdeuolmente ciascuno potrà vedere, & similmente delle prepositioni, che serueno all'vno e l'altro caso.

DELLI AVVERBII.

L'Auuerbio è quello che sta appresso il verbo.

Nell'auuerbio si considera, la significatione, laquale, ò che è di numero, come vna volta, due volte, tre volte, & simili: ò il giurare, per mia fe, & simili: ò affirmare, come certamente & simili: ò à negare, come no, niente.

Ouero cosa fatta à caso, come, ò sorte, fortuna & simili; ouero al dubitare, come forsi; ò all'interrogare, come, perche? ò al l'essortare, come si dee fare; ò prohibire, come non fare: ò agran dire, come grãdemente; ò minuire, come a poco à poco, à pena; ò similitudine, come cosi; ò comparatione, come assai più; ò superlatione, come grandissimamente; ò dimostratione, come ecco; ò desiderare, come Dio voglia; ò chiamare, come ò la; ò diminuire, come bellamente; ò congregare, come insieme vnitamente; ò qualità, come ben ò male; ò quantità, come molto,

molto, poco, assai & manco; ouero tempo, come ora, fin ora, & subito, & simili.

DELLE INTERIETTIONI.

LA interiettione è quella come habbiamo detto di sopra.

Nell'interiettione si considera la significatione, che è, ò d'allegrezza, come di ridere, ah, ah; ò ammiratione, come oh, certo? ò timore, come, ma; ò desiderio, come, ah; ò dolore, come ohime; ò indignatione, come oh.

DELLA CONGIVNTIONE.

LA congiuntione è come di sopra è detto.

Nella congiuntione si considera l'ordine, che è ò propositiuo, come, &, ancora: o soggiõtiuo, come ma, inuero; ò commune, come adonque.

Si cõsidera anco la significatione, che è o copulatiua, come, &, ancora, di più, & simili; o disiuntiua, come, ouero, ne anco; ò accusatiua, come inuero; o casuale, come imperò, & quando; ò collettiua, come per tanto, adonque, percio, & per la qual cosa.

DELLI VERBI PERSONALI.

TVtti li verbi personali finiscono in, o, & questi sono attiui, & sono di sei specie.

La prima si chiama attiuo semplice, che vuole auanti di se il nominatiuo agente, & doppo di se l'accusatiuo patiẽte, come, io amo la virtù.

La seconda è dell'attiuo possessiuo, la quale vuole auanti & doppo li medesimi casi predetti, & oltra vuole il genitiuo, ouero ablatiuo, come, ho compro vn libro dieci scudi.

La terza detta Attiua acquisitiua, vuole oltra li predetti casi il datiuo, come, io do il pane alli poueri.

La quarta detta Transitiua, vuole oltra li predetti casi l'accusatiuo, che significhi cosa inanimata, come io te insegno la grãmatica.

La Quinta vuole l'ablatiuo, & è detta possessiua, come, io ti spoglio la veste.

La sesta detta separatiua, vuole oltra li predetti casi l'ablatiuo con la prepositione, come, Io odo le virtù da Aurelio.

DELLI PASSIVI.

LI passiui sono quelli, che nascono dalli attiui, & sono delle medesime specie.

Tutti li passiui vogliono auanti di se il nominatiuo patiente. & dopo con la prepositione, & oltra di se vogliono li casi medesimi, che nelli attiui sono stati detti.

DELLI VERBI NEVTRI.

LI verbi neutri sono di significatione attiua di cinque sorti.

La prima vuole auanti & dopo di se il nominatiuo, come, io son sicuro.

La seconda vuol'auanti il nominatiuo agente & doppo di se il genitiuo, come, io ho di bisogno di libri.

La terza vuole il nominatiuo auanti & il datiuo doppo, come, Io seruo à Dio.

La quarta vuole il nominatiuo innanzi & l'accusatiuo doppo di se, come, io aro la terra. Et questa puo hauer il suo passiuo, come la terra è arata da me.

La quinta puo esser à similitudine della prima delli passiui, & questi sono neutri assoluti. Vi sono poi li neutri passiui, quali sono di due sorti.

La prima vuole il nominatiuo patiente innanzi, e doppo di se l'ablatiuo agẽte come, Li scolari sono battuti dal precettore.

La seconda vuole il nominatiuo patiente inanti, & doppo lablatiuo agente, ò vero l'accusatiuo con la Prepositione, per, come, Io m'allegro per la pace.

DELLI

DELLI COMMVNI.

LI Communi sono à similitudine delli passiui, & vogliono li medemi casi.

DELLI DEPONENTI.

LI Deponenti se ben hanno la voce passiua, nientedimeno sono alla similitudine de neutri, & vogliono li medemi casi auanti e doppo.

DELLI INFINITI.

GL' Infiniti vogliono auanti di se l'accusatiuo, come, Credo te amare.

DELLI NEVTRI DEPONENTI.

LI verbi Neutri Deponenti sono quelli, che significano stato in qualche luogo, come, Io sono in Roma.

O significano moto, come, Io camino per Roma.

O significano moto à qualche luogo, come, Io vado in piazza.

O per qualche luogo, come, Io passo per Roma.

O da qualche luogo, come, Io vengo da Venetia.

O verso qualche luogo, come, Io vado verso Roma.

O fin à qualche luogo, come, Io vado fin à Roma.

Quando dunque significa stato in luogo, si dice quì, di qualche luogo, di quì, per qualche luogo, per quà, verso qualche luogo, verso là, fin à qualche luogo, fin là.

DELLI VERBI IMPERSONALI.

LI verbi impersonali sono di voce attiua, & sono di sette specie.

La prima ha il nominatiuo come è necessario appresso latini, Interest, & refert.

La seconda vuole vn genitiuo, come, è interesse d'Aurelio.

La terza richiede vn dattiuo, come, piacerà a me:

La quarta l'accusatiuo vuole, come; mi bisogna:

La quinta l'accusatiuo con la prepositione domanda, come, s'apartiene à me:

La sesta l'accusatiuo, & doppo se il genitiuo, come, Mi rincresce delli peccati.

La settima è delli verbi famulari, i quali hauendo doppo l'infinito, sono della natura di quello, & reggono auanti il caso dell'infinito, che hanno dietro, come, Mi suol rincrescere il peccato.

Sono anco li impersonali di voce passiua, quali vogliono auanti la prepositione con l'ablatiuo, come, Da me s'insegna.

Questi deriuano dalli verbi attiui, o neutri della quarta specie, & vogliono oltra il caso del suo verbo.

DELLI COMPARATIVI.

LI Nomi si considerano rispetto d'altri, & questi sono comparatiui.

La comparatione si fa, o ad vno, o a più, come, il Sole, è più lucido della Luna.

Li comparatiui sono regolari, & irregolari.

Li comparatiui regolari si formano nel primo caso, che finisce in, i, delli aggiontiui, che possono riceuer il più, & il manco aggiongendoui la sillaba, come, da giusto più giusto.

Li comparatiui irregolari sono quelli, che non hanno formationi.

Li comparatiui vogliono auanti il nominatiuo, come, il sole è più lucido.

DEL-

DELLI SVPERLATIVI.

LI Superlatiui sono quelli, che si prepongono à tutti, & vogliono il genitiuo, come, Aristotele sapientissimo di tutti.

Li superlatiui sono regolari, ò irregolari:

Li superlatiui regolari, si formano dalli aggiõtiui, come, da bello bellissimo.

Li superlatiui irregolari sono quelli, che non hanno formatione, come, da buono, ottimo.

DELLI GERONDII.

LI Gerondij sono di tre sorti, cioe, in di, in do, & in dum, finiscono, & appresso latini.

Il gerondio in di, vuole il genitiuo: Il gerondio in do, vuol l'ablatiuo: Il gerondio in dum, vuole il nominatiuo, come appresso Guerrino fra latini.

DELLI PARTICIPII.

TVtti li participij reggono doppo il caso del suo verbo, & possono anco hauer il genitiuo, come, Aurelio amante la virtù, & amante della virtù; & chi desidera vedere assai sopra ciò, legga le osseruationi de diuersi.

DELLE FIGVRE.

LA figura è vn vitio fatto con ragione.

Le figure sono di più sorte, & sono otto, cioe, Prolepsis, Sylepsis, Zeugma, Synthesis, Antyptesis, Euocatio, Synecdoche & Appositio.

La Prolepsis è vna attributione di qualche tutto alle sue parti diuiso, come, due Aquile volano; l'vna in alto, e l'altra al basso.

La Sylepsis è vna cõcettione di più parole diuerse sotto proprietà plurale, come, Aristotele & Platone dotti:

La Zeugma è vna riduttione d'vna proprietà à diuerse dittioni: si che la proprietà in tutto si cõuenga con la più vicina persona, come, Io e tu studij.

La Sinthesis è vna attributione di proprietà d'vn sogetto à più copulati, come, Scipione & Lelio marauiglianti.

L'Antiptosis è vna attributione di caso per vn'altro caso, à qualche proprietà, come, In pozzo non è dell'acqua.

L'Euocatio è attributione di proprietà di qualche cosa dimostrata per il pronome demonstratiuo della prima & seconda persona dell'vno e l'altro numero, come, Io & Aurelio canto.

L'Appositio è vna cõgiuntione de due sostãtiui, vno de quali è a declinatione dell'altro, come, Antonio huomo giusto.

La Sinecdoche è quando la proprietà della parte s'attribuisce al tutto, come, L'Etiope è biãco i dẽti, cioe, ha bianco i dẽti.

DELLI PATRONIMICI.

IL Patronimico è quello, che deriua dal proprio nome del Padre, come Aiacide figliuolo d'Aiace.

DELL' INCOATIVO.

IL verbo Incoatiuo, è quello, che significa incominciamento di qualche cosa, come, Io vo à vedere.

DEL FREQVENTATIVO.

IL Frequentatiuo è quello, che significa frequenza, come, Io mi muouo spesso.

DELLI DESIDERATIVI.

IL Desideratiuo è quello, che significa affetto, come, Io desidero sapere.

DEL-

DELLI DIMINVTIVI.

LI Diminutiui ſono quelli, che ſignificano diminutione, come, Io ſcriuo à poco à poco.

DEL RELATIVO.

IL Relatiuo è quello, che referiſce la coſa innanzi detta, come, Aurelio, il quale. queſta parola, il quale, è relatiuo. La declinatione del quale appreſſo Guerrino facile ſi ritruoua.

DELLI NOMI VERBALI.

LI nomi Verbali ſono quelli che deriuano da verbi, come, da doceo dotto, dottore, & ſimili.

DELLI NOMI *Eterocliti.*

LI nomi Eterocliti ſono quelli che ſi declinano in diuerſi modi, come, il cielo in numero ſingolare è del genere neutro, & nel numero plurale, è maſcolino; ma appreſſo latini.

DELLA ORTOGRAFIA.

LA Ortografia è vna oſſeruanza nel ſcriuer le parole rettamente.

Queſta Ortografia s'acquiſta dal legger buoni autori per veder come ſi ſcriuono li nomi, come ſi facciano li punti, virgole, & altre coſe, come leggẽdo ſi vede, che troppo longo ſaria ſe quì di tutto trattar voleſſi; ma per venir all'altra parte, ſi farà pōto, poſcia che ſia chi ſi voglia, fin da fanciullo, ſi fa poſſeſſore di queſt'arte fondamento e baſe di tutte le ſcienze.

RETTORICA.

DELLA RETTORICA.

POSCIA che sin quì veduto habbiamo con quella breuità, che s'è potuto maggiore, della Grammatica fondamento reale di tutte le scienze; non sarà disdiceuole, poi che da essa imparato habbiamo le regole di parlar & scriuer rettamente, che hora entriamo nella Rettorica, dalla quale imparar habbiamo il modo di parlare ornatamente di qual si vogli cosa: e perciò diremo,

Che la Rettorica è vn'arte, che insegna ordinatamente parlare, & copiosamente di qual si vogli cosa proposta.

Quest'arte è vsata da tre personaggi, cioe, Rettorico, Poeta & Oratore: il Rettorico l'insegna, il Poeta fingendo colori la dimostra, l'Oratore trattando cause vere la vsa.

Fa bisogno all'Oratore cinque cose principali oltra l'altre, cioe, l'Inuentione, Dispositione, Elocutione, Memoria, e Pronuntia.

L'Inuentione è vn ritrouar cose vere, ò verisimili, che rendon le cause probabili. La dispositione è vn ordine, & vna distributione delle cose, che dimostra ciò che s habbi da collocare, & in qual luogo.

La Elocutione è vn'accommodamento di parole, & atti conforme all'inuentione.

La Memoria è guardiana di tutte le cose.

La Pronũtia è vn moderamento di voce è di corpo secondo la dignità delle cose: e quest a in summa è Signora del dire.

La pronuntia consta di naturale cognitione. la qual non si fa per via de precetti, ma s'accresce con l'aiuto loro.

E anco d'artificial cognitione, che conſta di luoghi, & ſimilmente di voci, come più abaſſo ſi dirà.

Adunque il fine dell'oratore ſarà il ben dire, con il quale farà tre effetti, cioè, inſegnare, muouere, & dilettare.

Inſegnarà mentre dimoſtrarà la coſa più chiara di quello, ch'ella non è.

Mouerà con perturbar con effetti la mente tranquilla di chi aſcolta.

Dilettarà poi con apportar coſe piaceuoli, & allegre, per le quali l'Auditor ſi rallegri e diletti.

Il ben dir adunque ſi diuiderà in tre parti, cioe, nell'vfficio dell'Oratore, nell'orationi, & finalmente nella queſtione.

L'vfficio conſiſte nelle ſentēze, & nelle parole, ſotto le quali ſi comprende le cinque parti predette dell'arte del ben dire, cioe, Inuentione, Diſpoſitione, Elocutione, Memoria, & Pronuntia.

L'Oratore co'l ben dire fa l'oratione, la quale ſi diuide in quattro parti, cioe, Proemio, Narratione, Confirmatione & Epilogo.

La narratione & confirmatione inſegnano & fanno paleſe la coſa di che ſi ragiona.

Il proemio & epilogo cōmuouono gli animi delli aſcoltāti.

La queſtione poi è infinita, come la conſulta, della quale à ſuo luogo ſi ragionerà.

E anco finita come la controuerſia, della quale à ſuo luogo ſe ne farà ragionamento.

L'arte oratoria ſi diuiderà adunque nella facultà dell'oratore, nell'oratione, & nella queſtione.

Nella facoltà dell'oratore, ſi ricerca la Inuentione, Diſpoſitione, Elocutione, Pronuntia & Memoria.

Nell'oratione poi ſarà neceſſario il Proemio, Narratione, Confirmatione & Epilogo.

Nella queſtione s'hauerà queſta conſideratione, ò che ſia finita, ò infinita.

Nella finita ſi conſiderarà la Controuerſia, Cauſa, Queſtione

ſtione particolare & ſpeciale.

Nell'infinita ſi conſidera la Conſulta, la Queſtione vniuerſale, generale & filoſofica.

L'oratore adunque attenderà prima al ritrouar come poſſi far fede à chi l'aſcolta per perſuaderlo à qualche coſa, & in che modo poſſi muouer gli animi loro.

Le coſe che fanno fede ſono gli argumenti, che ſi procacciano da luoghi, ò remoti dalla cauſa, ò congionti: & queſti luoghi ſi chiamano quelli, ne i quali li argomenti ſtanno aſcoſi; il qual argomento è vna coſa veriſimile ritrouata per far fede: Et quelli che ſenza moleſtia dell'oratore ad eſſo da altro luogo ſono recati, ſi chiamano remoti, come per eſſempio, li teſtimonij, & coſe ſimili.

Le maniere de teſtimonij ſono humane, & diuine.

Le diuine ſono come li oracoli, & ſimili: le humane ſono fondate nell'auttorità & nella volontà, & parlar delle perſone, della cui maniera ſono, le ſcritture, atti, giuramenti, tormenti, e ſimili.

Li congionti poi ſono quelli, che ſono fiſſi nelle cauſe, argomentando dal tutto, ò dalle parti, ò dall'Ettimologia, ò vero dalle coſe adherenti, che abbracciano tutta la queſtione.

Tutta la ſoſtanza di lei la diffinitione, il numerar delle parti, & l'Ettimologia delle voci, & quelle che non la comprendono tutta, ma che ſi traheno dalle coſe adherenti ſolamente.

Altre ſono dette congionti, altre dal genere & altre dalla ſpecie: altre dalla ſembianza, altre dalla differenza, dal contrario, dalle coſe congionte: alcune dall'antecedenti, da conſequenti, dalli repugnanti, dalle cagioni: & certe altre dalli affetti & moti; ſimilmente dalla comparatione delle coſe maggiori, dalle vguali & dalle minori, come, dalla diffinitione & contrario delle coſe che ad eſſo ſono ſimiglianti & diſſimiglianti, conſentanee ò non conſentanee, congionte, ò vero che ſono tra ſe pugnanti.

Le cagioni delle cauſe che ſi trattano, li auenimenti delle cagioni, le diſtributioni, i generi delle parti, ò vero le parti de i generi,

neri, i principij delle cose, ò vero cagioni lontani, ò remoti, nel le quali si ritroua qualch'argomento: similmente le comparationi delle cose dal più al meno, & cose simili.

Dalli predetti luoghi adonque si cercarà gli argomenti: & sarà ben auertir di schifare gli argomenti leggieri & communi, & quelli, che non sono necessarij.

Ma perche quì saria necessario trattar le materie delli predetti argomēti, che si traggono dalli predetti luoghi, il che saria cosa longhissima: però sarà bene transferirsi all'opera del Euerardo, nella quale tratta di cento modi d'argomentare.

I luoghi adunque alcuni sono alla causa remoti, & alcuni congionti.

Li remoti estrinseci inartificiali sono i testimonij diuini & humani.

Li diuini come oraculi, & simili: li humani poi sono l'auttorità de Filosofi, Iuriscōsulti, Poeti, Historici, ingeniosi, ricchi, fortunati, Artefici, prattici, pasionati da dolore, da cupidità, da ira, da paura, da ebri, da pazzi, da casi inauedutamente, da casi fortuiti, prouerbij & fama.

Li congionti intrinseci sono artificiali, reciproci, & non reciproci: Dalla diffinition delle parti, dall'Etimologia, dal gusto, dal genere, dalla forma, dalla sembianza, dalla differenza, da cōtratti, da antecedenti, da consequenti & repugnanti, da congiōti, dalla cagiō & effetti, dalla comparation delle cose: con li quali luoghi si formarà la perfetta oratione, come di sopra s'è detto, la quale sarà ò libera, ò espressa.

La libera si farà da detti volontari; la espressa sarà per tormenti, per testimonij, per quesito, & detti per tormenti, per testimonio giurato, & cose simili.

Intese adunque le predette cose, restarà, che l'oratore attendi, poscia c'hauerà ritrouato le cose, ordinatamente le disponga: della qual dispositione nella questione infinita l'ordine è quasi il medesmo che già parlando de luoghi habbiamo detto: ma nella questione diffinita sarà bene aggiongerui cio che alle perturbationi dell'animo s'appartiene.

Sono

Sono adunque del far fede & del commouer alcuni cõmuni precetti: concio sia che la fede è vna ferma opinione, ma il mouimento è vn concitar l'animo alla noia, ò ver gioire alla tema, ò vero à speranza: & tante sono le maniere del mouimento.

Hora si è data la dispositione alla fine della questione, la qual è finita, conciosia che nella consulta è la fede sola, & nella controuersia la fede & il mouimento insieme: seguirà che si ragiona della controuersia, nella quale la consulta si contiene. Vedremo adunque dell'vno e dell'altro, cioe, della fede, & del mouimento.

Quello adunque che s'ha da considerar intorno la controuersia è, che ella si distingue secondo la maniera d'ascoltanti: percioche colui ch'ascolta ò vero è solamente ascoltator, o vero disettatore, cioe, della causa & della sentenza moderatore, di modo che, ò vero ha da dilettarsi solamente, ò vero da determinar alcuna cosa.

Hora determina questo tale, ò delle cose passate, come fa il giudice: ò delle future, come fa il Senato; è di quì nascono tre maniere di controuersie, cioe, Giudiciale, Deliberatiua, e Demonstratiua.

L'Orator adunque attenderà nella demonstratiua alla delettatione: nella Giudiciale alla seuerità, ò benignità del Giudice.

Ma nella deliberatiua alla speranza, ò tema del deliberante.

Dunque l'hauer fin quì veduto le maniere delle cõtrouersie, sarà bene (per sapere meglio addattare i precetti della dispositione circa il fine di ciascuna,) dimostrar con breuità, che nelle orationi, che hanno la delettatione per fine, varij sono l'ordini del disporre, conciosia che si seruan li gradi de tempi, ò si diuideno le maniere de beni, ò dalle minori alle maggiori saliamo, ò dalle maggiori alle minori descẽdiamo, ò vero tutto con varietà inuguale distinguiamo, congiongendo le picciole con le grandi, le semplici con le congionte, le oscure con le chiare, le liete con le tristi, le incredibili con le possibili cose, le quali tutte nella laudatiua cadono. Ma di questa parte si ragionarà à luogo più conueniente diffusamente.

Nella

Nella giudiciale poi si dispone, secondo l'accusatore, in questo modo, si segue l'ordine delle cose & gli argomenti ad vno ad vno, & valorosamente si propone & acerbamente si conclude, si conferma con scritto, con decreti, con testimonij & con somma diligenza s'insiste attorno ciascuna cosa: si serue de precetti dell'Epilogo per commuouer gli animi de gli ascoltāti, & ciò si fa nel rimanente dell'oratione, vscendo alquanto dal dritto corso del dire, e poi con gran corso nell'epilogare; percioche l'intendimento dell' oratore sarà di render il giudice cruciato & questo è circa la dispositione dell'accusatore nella causa giudiciale.

Il reo poi attenderà à far tutte queste cose, ma in altro modo.

Et prima osseruarà il polito proemio per acquistar beneuolenza.

Le narrationi poi sono da esser acconciate s'offendeno, & se saran del tutto moleste da tralasciar à fatto.

S'hanno poi da confutar gl'argomēti de gli auersarij da vno à vno, o da renderli oscuri, o da soffogarli con le digressioni.

Li epiloghi poi deuono attender à muouere il giudice à misericordia.

Et alcuna volta è lecito cangiar l'ordine nel disporre secondo l'occorenze.

Hora che inteso habbiamo questi termini sostantiali, sarà bene che passiamo ad altri preparatorij, necessarij per hauer l'arte facile e compita, i quali sono la Fauola, Narratione, Cria, Sētenza, Cōfutatione, Confirmatione, Luogo comune, Laude, Biasimo, Comparatione, Etopeia, Descrittione, Thesi, e Legislatione. Queste si diuideno & serueno alli tre generi delle cause, cioe, la fauola, narratione, cria, sentēza, thesi, sono proprie del genere deliberatiuo.

La confirmatione, cōfutatione, luogo comune sono attribuiti al genere giudiciale.

La lode, biasmo, descrittione, comparatione, & altre sono attribuite al genere demonstratiuo.

DEL-

DELLA FAVOLA.

LA Fauola è ragionamento falso, che finge & rappresenta come in ritratto la verità.

Le fauole sono di tre sorti, cioe, Rationali, Morali & Miste.

La fauola è vsata dall'oratore perche diletta.

La fauola ragioneuole è quando si finge l'huomo far qualche cosa.

La fauola morale è quando s'abbraccia gli essercitij de gli animali senza ragione.

La fauola mista poi abbraccia e l'vno e l'altro.

DELLA NARRATIONE.

LA narratione è vn raccontare la cosa fatta, la quale si diuide in poetica & historica.

La narration poetica è quella, che ha raccontamento finto: la historica & ciuile è quella, che raccõta le imprese d'antichi, & come sogliono li Oratori nelle controuersie ciuili.

La narratione ha sei accidẽti, cioe, Persona che fa, cosa fatta, tempo, quando, luogo oue fù fatta, modo, & in che guisa sia stata fatta, & cagione perche sia stata fatta.

La narratione ha quattro virtù, cioe, chiarezza, breuità, probabilità, & proprietà di scelte parole.

DELLA CRIA.

LA cria è vn breue raccontamento che riferisce detto, ò fatto d'alcuna persona: & sono di più sorte, cioe, Verbali, che in parole dimostrano vtilità, come, la gola, e'l sonno, e l'otiose piume hanno del mondo ogni virtù sbandita.

Sonoanco le crie attiue, come il Filosofo dimostrando il fine di nostra vita, estinse vn lume. Sono anco le crie miste, che constano di parole & attioni, come, vn Padre per correggeril figliuolo batteua il seruo.

DELLA SENTENZA.

LA sentenza è vn breue ragionamento, che spiega quello che à persuader, e dissuadere apertiene.

Le sentenze sono di tre sorti, Essortante, Dissuadente & Enarrante.

La sentenza essortante è quella, che incita à qualche cosa: la dissuadente che dissuade; la enarrante è quella, che communemente dà ad intender qualche cosa.

Il modo dunque di lodar vna sentenza potrà esser in questa maniera, prima si lodarà, poi si dechiararà, & finalmente si confirmarà.

DELLA CONFVTATIONE.

LA confutatione è il distrugger la cosa proposta.

Si destruggono le cose incredibili.

Nel confutare si suol tener quest'ordine. Prima s'vsa la riprensione contra l'auersario: Poi attenuando la cosa proposta da lui disponendola in miglior modo, dimostrando, che è oscura, incredibile, impossibile, che non ha conuenienza cō la cosa; & finalmente che nō ha del decoro, & al tutto inutile.

DELLA CONFIRMATIONE.

LA confirmatione è proua delle cose proposte: Si confermano le cose, che non son manifeste del tutto, ma che habbino del dubio.

Nel confirmar si suole tener quest'ordine. Prima di lodar l'Autore: poi esporre la cosa, la quale si conferma con dimostrare

ſtrare che la coſa è manifeſta, probabile, conuaceuole, & vtile.

DEL LVOGO COMMVNE.

IL luogo commune è di più ſorte, che ſi chiama forma di quel che cade in vſo delle coſe humane, come la fortuna, ricchezze, honori, vita, e morte, virtù, prudenza, giuſtitia, liberalità, & ſimili, & li contrarij d'eſſe: & ſono detti luoghi communi, perche s'vſano communemente.

Sono anco luoghi cõmuni pertinẽti a gli accuſatori per accreſcer l'atrocità del peccato, come non biſogna hauer compaſſione de maluagi & empij, & ſimili.

Medeſimamente ſarà luogo commune del defenſore, mentre dirà, eſſer meglio peccar in miſericordia alle volte, che in ſeuerità di giuſtitia.

DELLA COMPARATIONE.

LA comparatione è vn ragionamento, che per paragone cerca modo di far maggiore la coſa che ſi compàra.

Si fa comparatione delle coſe buone con le buone, & per il contrario.

La comparatione ha per fine, ò laude, ò biaſmo; ò l'vno, ò l'altro inſieme.

Si può far comparatione di tutte le coſe che ſi poſſono lodare, ò biaſmare, come perſona, coſe, tempi, luoghi, animali, piante, & alberi.

Li medeſimi modi che s'vſano nel lodare ſi potranno oſſeruare nel biaſmare, de quali à ſuo luogo ſe ne farà mentione.

DELL' ETOPEIA.

LA Etopeia è voce greca, che vuol dire imitatione, qual non è altro, che vna eſpreſsione delli coſtumi della perſona.

Le differenze di quest'imitatione sono tre, cioe, etopeia, idolopeia, & prosopopeia.

L'Etopeia è quella, che introducẽdo ꝑsona conosciuta finge solamente i costumi, come l'Ariosto, mẽtre parla di Ruggiero.

Idolopeia è quella, che contiene persona conosciuta, ma morta; come Virgilio quando fa apparir in sogno Ettor ad Enea essortandolo fuggir di Troia.

Prosopopeia è quando fingiamo ogni cosa con le persone & costumi, come nel rappresentar Carlo Quinto con suoi costumi & valore.

L'Etopeia si tratta con parlar chiaro, breue & probabile.

Li tempi dell'Etopeia sono presente, passato, e futuro.

Dal presente mentre l'Ariosto per la Etopeia dimostra il pianto d'Olimpia per la crudeltà di Bireno.

Dal passato mentre dimostra li piaceri fatti à Bireno.

Dal futuro mentre dice, che verranno i Lupi à deuorarla.

DELLA DESCRITTIONE.

LA descrittione è vn parlamento che per narratione porta auanti gli occhi la cosa proposta con diligenza.

Si descriue persona, cosa, tempo, luoghi, & animali, e piãte.

Mentre si descriue persona s'incomincia dal capo, e si và fino à piedi descriuendo.

Si descriuono le cose dall' antecedenti, & da quello, che suole da esse peruenire.

Si descriue il tempo secondo le quattro stagioni, cioe, Primauera, estate, autunno, e verno, & secondo li mesi regolati, & secondo li dodeci segni celesti, & secondo il giorno, cioe, aurora, mezo giorno & sera, & finalmente secondo la notte.

Il luogo si descriue dalle cose da esso contenute.

Gli animali si descriuono secondo la loro specie.

Gli arbori si descriuono, come per essempio, vn alloro è vn arbore, che sta sempre verde, che s'adopra à coronar virtuosi, che mai fù percosso dal fulmine celeste.

Le descrittioni sono o semplici, come descriuer vna battaglia:ò vero le descrittioni sono composte,come il descriuer le cose congionte coi tempi,come fanno gli historici.

Et nel descriuersi suol vsar stil mediocre.

DELLA THESI.

LA Thesi è vna diligente consideratione, che per ragionamento va inuestigando qualche cosa,& s'vsa nella cõsulta.

La Thesi ha q̃sti fõdamẽti,cioe,,pemio, il legittimo, il giusto, l'vtile,il possibile,la cõtradittione, la solutione & cõclusione.

Impatroniti che siamo di questi termini preparatorij,come fõdamẽti di queste arte, sarà bene trattar de generi delle cause.

DE I GENERI DELLE CAVSE.

I Generi delle cause sono tre, cioe, Deliberatiuo, Demonstratiuo & Giuditiale.

Di questi sono sette maniere di parlare,cioe,persuasione & dissuasione nel deliberatiuo:lode & vituperio nel demonstratiuo:accusatione,difensione & questione nel giuditiale.

La persuasione è vn essortar gli huomini à qualche cosa.

La dissuasione è vn dissuaderli.

Nel persuader qualche cosa fa bisogno di mostrar la cosa lo deuole per giustitia non contraria alla legge.

Ch'apporti vtilità,piena d'honestà,che sia grata,& piaceuole,& senza difficoltà. Nel dissuader poi si dimostrarà le cose esser per il contrario di quello,che s'è detto di sopra.

Il giusto è quello che per maggior parte de gl'huomini per cõsuetudine non scritta si costuma di fare; il che statuisce quel che è honesto & inhonesto,con honorar li maggiori di se,giouar alli amici,& ringratiarli de benefitij riceuuti.

La legge è vn cõmun volere de cittadini,la qual cõmanda in che modo si deue far qualche cosa,della qual nasce il legittimo.

L'vtile è vn cõseruar li beni dell'huomo,ò vero acq̃starne de

gl'altri,

gl'altri,& ſchiuar gl'incommodi.Ma queſt'vtile ſi diuide à gl'huomini in corpo, anima, & coſe eſteriori:al corpo ſono vtili la gagliardia,la bellezza,& ſanità:all'animo poi la fortezza,ſapienza,e giuſtitia:eſteriori vtili ſono li amici, denari & coſe ſimili:l'inutili poi ſono le coſe contrari à queſte: le honeſte ſono quelle ch'apportano ſplendore a chi le fa:liete & piaceuoli ſono le coſe che diſpongono l'huomo à ſtar'allegro: facili ſono quelle ch'in breue tempo, & con poca fatica ſi fanno:poſſibili ſono quelle che naturalmente ſi poſſono fare:neceſſarie ſono quelle che non ſi fanno per arbitrio noſtro, ma per qualche neceſſità.

DELLE COSE CHE SI DEE conſigliare.

NEl conſigliar qualche coſa ageuolmente ſi potrà le coſe predette communi vſare.

Le coſe che ſi conſigliano ò nel Senato,ò in altro luogo ſono,ò de ſacrificij ò di leggi,ò di ſpettacoli,ò d'vnirſi contro altre città ò di far guerra ò pace,ò di trouar denari.Quando adunque conſigliaremo ſopra le predette coſe,prenderemo occaſione dal giuſto,& altre ſimili,come di ſopra habbiamo detto.

DEL GENERE DEMONSTRATIVO.

IL genere demonſtratiuo in ſomma contiene in ſe il lodar qualche coſa,o biaſmarla.

La lode è vn'aggrandir la coſa fatta, & attione egregia di qualch'vno.

Il biaſmar è per il contrario, vn abaſſar le coſe illuſtri,&c.

Le coſe ſono degne di lode che ſono giuſte, legitime, vtili, honeſte,liete, e facili.

Quando adunque ſi vorrà lodare, ſarà biſogno, che quella coſa che ſi loda,habbi partorito coſa degna d'eſſer vdita: & per il contrario,chi vorrà biaſmare, ſarà meſtieri di dir il contrario

rio di quello che ſopra detto habbiamo.

DELLE COSE CHE ſi lodano.

SI lodano perſone, come Siſto Quinto Pontefice Ottimo, Ceſare, & ſimili.

Si lodano anco coſe, come la prudenza, fortezza, ſperanza, & ſimili altre coſe ſecondo l'occorrenze.

Si lodano anco tempi, come Primauera, Eſtate, Autunno, & Verno.

Si lodano luoghi, come città, e monti.

Si lodano animali, come Leoni, orſi, e ſimili.

Si lodano piante, come viti, alberi & ſimili.

Si lodano communemente tutti li virtuoſi inſieme, o particolarmente, come Ariſtotele, e ſimili.

L'ordine della lode potrà eſſer queſto: Prima ſi farà vn proemio cõueniente alla coſa che ſi vuol lodare, come vn huomo: poi ſi ſoggiongerà natione, patria, anteceſſori, padre, inſtitutione.

Dopoi ſi pone il capo principale di tutte le lodi, cioe, le coſe, quali ſi deueno ſecondo i beni dell'animo, cioe, ponendo ſotto la prudenza tutte le coſe prudentemente fatte da quello che ſi vuol lodare: & alla fortezza quelle che appartengono, & coſi l'altre coſe ſotto l'altre ſpeciali virtù: ſecondo poi li beni del corpo, come bellezza, velocità e forza: poi li beni della fortuna, come nobiltà e ricchezze.

In queſto ordine di dire ſarà bene vſar ſpeſſo la comparatione, per la quale vien dimonſtrata maggior la coſa lodata.

DEL GENERE GIUDICIALE.

NEl genere giudiciale ſi tratta d'accuſare ò difendere alcuno. L'accuſa è vn eſporre l'ingiurie, e delitti d'alcuno commeſſi. La difeſa è dimoſtrare che li misfatti

fatti,

fatti,ò ſono hauuti in ſoſpitione.

Nell'accuſar par che s'oſſeruino queſte regole. Prima che le coſe accuſate ſono pernicioſiſſime alla città, & meriteuolmẽte degne di caſtigo. Si ſuole anco conſiderar per qual cauſa ſi danno le pene, & le leggi che le permetteno dimoſtrando che l'accuſato ha commeſſo coſe contra le leggi, che gli minacciano ſeueriſſima pena. Mentre la legge haurà ordinata la pena, l'accuſator ſolo attenderà à dimoſtrar il delitto commeſſo per l'accuſato, & lo aggrandirà con dir c'ha commeſſo il delitto con tutte le male qualità che imaginar ſi poſſi non à caſo, ma penſatamente, & con molti inganni, & attenderà à dimoſtrar tutte le predette coſe chiare con proue legittime, con li modi ſopra detti, & queſta quanto all'accuſatore.

Il defenſor poi potrà ſeruar queſte regole. Prima in dimoſtrar che l'accuſato non ha commeſſo delitto alcuno, ò vero ſe l'ha commeſſo, dimoſtrarà che ſia ben e legittimamente fatto, moſtrando chiaro, che ſia ſtato lecito, per diſpoſition della legge contro li Banditi, ò vero per vtile della Republica.

Se non ſi potrà con li ſudetti due modi defendere, ſarà bene che ſi vagli del caſo fortuito, & che perciò ſia ſtato commeſſo il delitto, ò vero per imprudenza, per ebrietà, ò per pazzia: ò vero ſi dimoſtrarà che l'ingiuria è ſtata poca, diffinendola con dire, che la ingiuria è quella operatione, che alcuno fa contra il proſſimo con cattiuo penſiero; & che l'imprudenza è il danno, che dà alcuno al proſſimo non ſapendo di danneggiarlo.

Il caſo poi & la diſgratia è quello, che non ſi fa volontieri, ma piu toſto per altrui forza, ò per fortuna non ſi laſcia condur'à fine quello, che con dritto conſiglio viene adminiſtrato.

Si ſuol valer anco il defenſore, che il far ingiuria è proprio d'huomini cattiui; ma che le rare imprudentemente, & patir l'auuerſa fortuna d'intorno le coſe che ſi fanno non auiene ad vn ſolo, ma può ad ogn'uno ſuccedere; però queſti ſono degni di compaſſione.

Quãdo adũq; il caſo ſucceſſo ſarà in queſti termini ſimile, il defenſore chiederà lietamente la liberatione dell'accuſato.

Delle

DELLE COSE CHE SONO
communi à tutti questi generi.

LE cose che sono communi à questi generi sono il giusto, il legittimo, l'vtile, l'honesto, lieto & facile.

Le amplificationi, le estenuationi; e queste sono mirabili nel genere demonstratiuo.

Sono anco communi le proue, li essempi, le congietture, le commentationi, la sentenza, il segno, l'argomento, le testimonianze, la tortura, il giuramento, la preoccupatione & cõfutatione, & altre secondo l'occorrenze.

DELLI MEMBRI
dell'Oratione.

IN somma li membri dell'oratione sono questi, essordio, narratione, prepositione, confirmatione, confutatione; ò uero preoccupatione, & conclusione, come di sopra ragionato habbiamo.

DELLI STATI
delle Cause.

LI stati delle cause sono tre, dette constitutioni, cioe, stato congietturale, legittimo, & giuriditiale.

Le parti del stato cõgietturale sono tre, cioe, probabile, per il quale si proua esser stato conueniente al reo cõmetter il delitto, per esser solito in ciò, dimostrando la causa, che lo indusse à ciò fare, come per speranza di guadagno, cupidità: ò vero per schiuare qualche incommodo, come per inimicitia, infamia, ò dolore, aggiongendoui le cose fatte auanti.

Similmente, se il Reo è solito commetter tali delitti, trattãdo ogni inditio & sospitione, che adattar si possono al delitto: & questo appertiene all'accusatore.

Il defensore poi attenderà di mostrare il cõtrario di quello sarà apportato dall'accusatore, come, buona vita del reo, & ottimi costumi, e fama, se si potrà: se non, ricorrerà all'imprudenza, al caso fortuito & pazzia, come di sopra è stato detto.

La seconda parte del stato congetturale sarà la collatione, per la quale si dimostra dall'accusatore esser stato bene al reo commetter il delitto, hauer hauuto cõmodo di farlo, & essergline data occasione.

Ma il defensore dimostrarà che altri habbino possuto commetter il delitto per essergli venuta la cõmodità, & cose simili.

La terza parte dello stato cõgetturale è il segno per il quale si dimostra idonea causa di far qualche cosa.

Si diuide il segno in luogo, tempo, spatio, occasione, & speranza di celar il delitto.

Si cõsidererà il luogo, ò che sia circuito, ò siluestre e diserto, come piazza, spelonca, & simili.

Il tempo poi, cioe, di che parte dell'anno, se fù commesso il delitto di giorno, ò di notte, & in che hora.

Il spatio, cioe, se il luogo è stato capace del delitto.

L'occasione se fù basteuole, ò se ne fosse stata altra megliore.

La sperãza di adẽpire il disegno, cioe, se vi si trouano le predette quattro cose, ò vero se gl'era possanza di denari, & simili.

La speranza di celare il delitto, che nasce dalli complici & coadiutori del delitto si considera.

La quarta parte dell'argomento, quãdo si arguisce per certa sospitione; & si diuide in tempo preterito, & in questo si considera doue fù visto il reo, con chi fù, chi haueua chiamato, che haueua detto, l'aiuto delli conscij, & cose simili.

Si considera in tempo instante, nel quale si ricerca se è stato vdito strepito, ò vero gridor dell'offeso, rumor d'armi, & simili.

Sopra le qual cose si ricorre alli cinque sensi, cioe, se si vid-

de

de splendor d'arme, se si odì dimādar la vita, se si toccò l'arme, se si odorò l'odor di poluere, & cose simili. similmente se si gustò come veleni, & simili.

Si considera anco quello che nel maleficiato si ritrouarà, cioè, se il corpo è tumido, ò vero liuido, per veder se è stato auelenato, ò annegato.

La quinta parte del stato congetturale, è la cōsecutione, che è quando si cerca li segni del delinquente, e dell'offeso.

L'accusatore sopra ciò attenderà di mostrar che il reo sia arrossito, mētre vdì parlare del delitto, se s'è impallidito per timore, ò tremato, ò parlato inconstantemēte, se s'è impalidito per paura, ò verò s'hauerà promesso qualche cosa à chi lo prese, perche lo lasciasse in libertà. le quali cose sono detti segni di conscienza: & se il reo non darà questi segni, l'accusatore dirà che ha proceduto accortamente per celar il delitto.

Ma il defensor attenderà di mostrare, che se il reo ha tremato è stato per altro accidente, e non per tema di conscienza, & in somma attenderà di mostrare il contrario di quello hauerà detto l'accusatore.

La sesta parte del stato cōgetturale è la cōprobatione vsata dall'oratore, la quale ha questi luoghi, cioe; proprij, e cōmuni.

Li proprij sono dell'accusatore, mentre che dice nō hauersi misericordia de delinquenti, & il defensore il contrario.

Li communi poi sono dalli testimonij, come secondo l'autorità & vita loro.

Similmente si considera la circōstanza de testimonij, come se sono conformi ò no.

Similmente s'ha consideratione à tormenti, per far confessar il reo per tormento con legittimi indicij precedenti.

Si considera anco li argomenti & segni, che concorrono, si in vn detto del testimonio come nell'altro, se gli si deue creder o no, se hanno deposto falsamente.

Similmente si dimostrarà il reo hauer cōplici per congiettura, come da rumori per fama, per strepito, & cose simili.

Ma contra di ciò si dirà per il defensore, molti romori esser falsi, dãdo sopra ciò essempij, & gli inimici esser soliti far simil rumori per dar colore alla calunnia, & cose simili, introducendo qualche cosa ch'apporti vergogna all'auuersario.

La seconda constitutione è detta legittima, le cui parti sono le cose scritte contra la volontà, come in testamento, & simili: nel che si considera la fede del scrittore: si considera anco il recitare della scrittura: similmente la interrogatione, perche l'auuersario sa quello esser stato scritto: si considera anco quello si è scritto, quel che dicono gli auuersarij hauer fatto, & cose simili: & se l'auuersario dirà douersi seruar più tosto quel ch'è scritto contro la volontà, se gli risponderà esser vna vana interpretatione.

Si considera anco quello s'ostaua al testatore, & che s'hauesse voluto scriuere, come dicono li auuersarij, l'haueria possuto fare.

Si considera anco perche lo scrittore habbi voluto scriuere così; il che fù per vietar li scandoli.

S'apportano anco essempij di cose giudicate à fauore della scrittura, & si dimostra quanto pericoloso sia il partirsi dalla scrittura.

Vi è l'altra parte poi, che si chiama volõtà, contra la scrittura nella qual si considera: Primo lodar il scrittore, che habbi scritto cõ breuità, & che nõ habbi voluto scriuere ampiamẽte per nõ esser inteso da tutti: Secõdo si dirà nõ douersi seguir la pura lettura della lettera, tralasciando la volontà del scrittore, dicendo che le parole sono state trouate, non perche la volontà sia stata impedita, ma perche sia manifestata; onde disse il legislatore in tal proposito, che il saper le leggi non è leggerle semplicemente, ma intender la forza loro.

Si dirà anco, che il scritto è fuor di proposito, & s'attenderà à portar essempij di cose giudicate cõtra la scrittura, & à fauor della volontà del scriuente, & leggi che restringon la sentenza & patti, c'habbino parlar generale, ma che restringa.

S'apportarà anco luoghi communi à fauor della volontà contra la scrittura.

Il scritto

Lo ſcritto ſarà ambiguo mentre ch'apporti più ſentenze, ſopra che ſi dee cōſiderare come ſia ſcritto la perſona che ha ſcritto, & ſuo animo.

Similmente s'hauerà conſideratione, ſe quello che vien'interpretato, ſi puo fare.

Finalmente ſi dimoſtrarà poterſi fare quello ch'interpretaremo per l'honeſtà, come anco perche è coſa giuſta conforme alla legge è coſtumi, & finalmēte alla natura, & eſſer coſa bona.

La diffinitione è quando vſiamo di ſcriuer il vocabulo, ò vero ſentenza, ſopra il che poi ſoggiongeremo il fatto con le parole.

La translatione è poi quando ſi riferiſce la pena ad altro huomo, come ſe alcuno vſurpaſſe quello che non deue.

La ratiocinatione ſi fa quando voliamo cercar qualche coſa per ſimilitudine da quello che è ſcritto al non ſcritto. Onde s'ha da cercar quello s'è ſcritto nelle coſe maggiori, come nella legge Canonica.

Similmente nelle coſe minori, ſe le coſe ſono ſimili, ò diſſimili.

Et finalmente ſe lo ſcrittor hauerà ſcritto conſultatamente, ò no.

La terza conſtitutione di cauſe ſi chiama giuridiciale, la quale ſi diuide in aſſoluta, che è quando ſi confeſſa hauer commeſſo il delitto, ma hauerlo fatto con ragione, ò per difeſa.

In queſta ſi conſidera ſe il fatto è di ragione ò no, & mentre in queſti ſaremo chiari, ſi conſiderarà che coſa ſia ragione.

Si diuide anco in preſontiua, la quale è quando la difeſa per ſe è inferma, ma ſi comproba con introdur coſe ſtrane, le cui parti ſono la comparatione, la quale è mentre ſi cerca ſe è meglio trattar quello che il reo ha fatto, ò vero quello che l'accuſatore dice eſſer eſtato fatto.

Di più ſi dee conſiderar ſe l'accuſatore vſarà il luogo commune contra il reo, con dire eſſer mala coſa commetter li delitti al che reſponderà il defenſore con ragione eſſer ſtato fatto il delitto, & attenderà à dimoſtrarlo.

La seconda parte è la translatione del delitto in altri, & in ciò prima si ricerca se di ragione si transferisce il delitto in altri.

La terza parte è la concessione, per la quale domandiamo perdono, la quale si diuide in peragatione, la qual si considera se è venuta in necessità, ò no.

Si diuide anco in deprecatione, la quale vsiamo quando confessiamo il delitto per caso fortuito, per imprudenza, ò per necessità; & questo vsiamo auanti il Prencipe; & sopra ciò noi impetraremo gratia, se vi saran meriti, virtù, beneficij, se si potrà giouar'al prencipe; se il prencipe sarà mansueto, se il delitto sarà fatto con causa giusta, & se perciò è solito farsi tal gratia, se non seguirà scandolo di tal gratia: le qual cose attenderà il difensore à mostrarle chiare: Ma parte dell'accusatore sarà di mostrar'il contrario.

DELLE COSE CHE DEVE osseruar l'oratore auanti che parli.

L'Oratore auanti che parli, potrà fare prouisione di inuentione bella da dire, dispositione di voce, pronuntia grata, & gesti conuenienti.

DELLA VOCE, CHE DEVE vsare l'oratore.

LA voce è quella che percotendo l'aria esce fuori dalla bocca, & penetra nelle orecchie degl'ascoltanti.

La voce si distingue per quantità e qualità: per quantità, come alta e bassa: per qualità, come chiara e fosca.

La voce communemente buona è quella che è dolce e libera all'orecchia.

Ogni voce si fa co'l spirito longo ò breue; & essendo la voce

ce

ce interprete della mente, sarà necessario mutarla secondo l'occorenze, cioe, nelle cose allegre s'vsarà voce gioconda, nelle sdegnose voce aspera, e densa, nell'essaggerare voce alta, nell'interrogar leggiera, e bassa, nel disputar ch'apporti terrore, nell'ammonir graue, nel mostrar paura timida, nell'essortar voce forte, nel far digressioni chiarissima, nell'esporre voce famigliare, nel concitar gl'affetti voce alta, nel periodo si vsa per il più l'istessa voce.

COME S'HABBI DA VSAR LA voce per tutte le parti dell'oratione.

IL proemio si farà con voce piaceuole, la narratione con voce alquanto piu alta con proportione, la confirmatione con voce piu alta, nell'epilogo con voce acuta e penetrante, nel placar'il giudice voce amabile, nel compassionar voce piaceuole à sembianza di pianto.

DE GESTI CHE DEVE VSAre l'oratore.

L'Orator'auanti che parli, sarà bene che facci vn poco di dimora mostrando di pensare, acciò gl'ascoltanti si preparino ad ascoltare, ma che non sia troppo longa: & mentre vedrà l'orator'esser bisogno di accompagnar le parole co i gesti, lo deue fare.

COME SI DEVE ACCOMPAgnar le parole co i gesti.

NOn si suol muouer le ciglia senza cagione, si suol nella riprēsione increspar le ciglia: perche apportino terrore, nelle cose allegre si sogliono alzare, nelle cose vergognose bassarle. Sarà bene auertir'anco di nō increspare le labra ragionādo.

La

La faccia si terrà dritta, ne si deueno muouer le spalle: ma ben le braccia secondo l'occasioni, come nel far qualche demonstratione & diuisione. Nel vguagliar qualche cosa, si congiongeranno li due indici insieme. Nel destrugger le ragioni degli auuersarij, si mouerà tutta la mano.

Et perche sopra ciò s'è ragionato nel modo che s'è inteso, sarà bene far quì punto.

ARTE ORATORIA.

Oratore	
Fa la queſtione, che è di due ſorti infinita per le ſue circonſtāze, & finita, che è terminata dalle ſue circonſtanze.	Ha biſogno d'inuentione, diſpoſitione, elocutione, memoria, e pronuntia.

Oratione	
Si fa d'eſſordio, narratione, confirmatione, peroratione, cioe, concluſione.	Si fa anco di figure, cioe denominatione, cioe, Metonomica, ironia, trāslatione, abuſione, allegoria, enigma, & ſuperlatione.

Oratione ſi fa	
Le cauſe ſono di quattro ſpecie, cioe, honeſta, dubbioſa, men' honeſta, & humile.	Nelli tre generi di cauſe, cioe, deliberatiuo, demōſtratiuo & giuditiale.

Li ſtati di cauſe	
Ouero ſtato congetturale, legittimo & giuridiciale.	Sono tre, cioe, ſtato di cōgettura, diffinitione, & di qualità.

Affetti	
Sono anco affetti piaceuoli, mētre ſi acquiſta beneuolēza & miſericordia, & ſono del defenſore.	Quali ſono impetuoſi, mentre pongono in odio, & ſono dell'accuſatore.

Luoghi	
Sono anco non artificiali, come, ſcritture, teſtimonij, ſagramento, proceſſi, & ſimili.	Quali ſono artificiali, come, d'argumenti & luoghi communi.

DIALETTICA

DELLA DIALETTICA.

GLI huomini prudenti preuedēdo, che se ben l'huomo fusse possessore della Grammatica & Rettorica, col mezo delle quali hauesse acquistato le regole di parlar & scriuer rettamente, copiosamente, & ornatamente; non basteria à chi è desideroso di sapere: si risolsero d'introdur la Dialettica, acciò col mezo d'essa si potesse acquistare il modo di discerner con discorso ragioneuole il vero dal falso; & acciò si facesse acquisto d'essa come di stromento attissimo alla filosofia: Però essendo noi in procinto di ragionarne, diremo d'essa.

DELLA DIALETTICA.

LA dialettica da alcuni è detta quanto alla sua significatione, che è vna scienza rationale, che discerne il vero dal falso.

Quanto poi alla descrittione la logica è detta instrumento attissimo a tutte l'arti & scienze.

Fù detta medesimamēte appresso Greci Methodo, che vuol dir calle, cioe, appresso noi, via breue & dritta, che presto guida al desiato segno.

Quanto poi alla Etimologia fù detta sciēza di sermone vero ò falso.

Questa dialettica è detta da parola Greca, che vuol dire disputo.

Il soggetto adūque di questa dialettica si dice in più modi.

Et prima il ſoggetto d'eſſa è l'huomo, & l'animale è predicato: ſi che quello che appreſſo Grãmatici è detto ſuppoſito, appreſſo logici vien detto ſoggetto: & quello, che vien detto appoſito, vien detto predicato.

Il verbo poi coſi nomato dal grãmatico, è detta copula dal logico; per che il verbo congionge il predicato col ſoggetto.

Secondariamente il ſoggetto è detto d'ogni ſoſtãza, il qual riceue inſieme qualche forma ò accidente.

Et in queſto propoſito diremo che la mano ſia ſoggetto del calore: perche lo riceue.

Similmente la pietra, della qual ſi faccia vna figura, è detta ſoggetto della figura.

Il corpo nel qual è l'anima, è detto ſoggetto dell'anima.

L'intelletto nel quale ſi riceue la ſcienza, è detto ſoggetto della ſcienza.

Nel terzo modo ſi dice il ſoggetto dalle parti materiali, dalle quali ſi compone qualche coſa, come, i chiodi, legni, e pietre ſono ſoggetti della caſa.

Nel quarto modo ſi dice ſoggetto circa quello, che s'ha da fare, & in tal ſenſo la caſa è ſoggetto dell'edificator mentre fabrica.

Il corpo humano è ſoggetto del medico mentre lo medica.

Il cielo è ſoggetto dell'aſtronomico, mẽtre in eſſo ſpecula, & il corpo mobile è ſoggetto fiſico.

Ma perche di ſopra detto habbiamo, che la logica è ſciẽza; non ſarà fuor di propoſito diſcorrer ſotto qual parte di ſciẽza ſi debba collocare.

Ariſtotele diuide la ſcienza, che altra è ſpeculatiua, & altra prattica.

Della ſpeculatiua altra è reale, altra è rationale: della reale ſpeculatiua altra è Fiſica, altra è Metafiſica.

Della rationale ſpeculatiua altra è Grammatica, altra Rettorica, altra Poetica, altra logica, cioe diſputatiua.

Della pratica altra è attiua, altra è fattiua: della pratica attiua, altra è Etica, altra è Politica, altra è Economica.

Della

Della prattica fattiua sono le arti mecaniche; quali commu nemente sono sette, cioè, lanificio, militia, nauigatione, agricoltura, medicare, cacciagione, & arte fabrile.

La scienza dunque secondo Aristotele è vna certa cognitione euidente delle cose, la quale è capita dall'intelletto per il sillogismo demonstratiuo.

La scienza speculatiua è quella, il cui fine è saper'ò conoscer'il suo soggetto, come la scienza del cielo.

La scienza prattica è quella, la quale non solo ha per fine il sapere, ma anco l'operare, come la medicina.

La scienza speculatiua reale è quella che è circa la cosa reale, la quale ha l'esser fuori dell'intelletto, come i corpi naturali, & esso cielo.

La scienza speculatiua rationale è quella, che sta circa la cosa fabricata nell'intelletto, che non hauria l'essere se non fusse l'intelletto, come le parole che ci imaginiamo nell'intelletto per far vn'oratione.

La scienza reale Fisica è quella, che sta circa la cosa mobile, come il cielo & elementi.

La scienza reale Metafisica è quella, che sta circa al quanto continuo, come linea, superficie, & altra figura, della quale tratta la Geometria.

Del quanto poi discreto tratta l'Aritmetica.

La Prattica attiua è quella, che sta circa l'humane operationi, che s'hanno da regolar, acciò siano ben fatte.

La prattica attiua Etica èquella, che sta circa le proprie operationi di chi si vogli che ben viuer desideri virtuosamente.

La Politica èquella, che regola l'attioni de cittadini per prudenza di chi regge, acciò si faccino giustamēte & pacificamēte.

L'Economica è quella, che regola le operationi della famiglia per l'autorità del padre, secondo la sua cōditione è grado.

La Prattica fattiua, èquella, che è circa le opere manuali, che si fan giornalmente per guadagno.

Si che hauuta la cognitione predetta circa la scienza, la Dialettica sarà collocata, come di sopra è detto.

DE I TERMINI.

IL termine communemente è inteſo per ogni dittione propinqua, della quale ſi compone l'oratione, come il nome, verbo, participio, prepoſitione & aduerbio: & ogni altra parte dell'oratione, s'intende anco per quello, che è ò che puo eſſer ſoggetto ò predicato & copula nella prepoſitione: & queſto parlando ſtrettamente; nel qual ſenſo i ſegni vniuerſali, ne particolari, ne aduerbij non ſono termini: perche non poſſono eſſer per ſe predicati ne ſoggetti, ma ben modi d'eſſi.

Strettiſſimamente poi ſi piglia per tutto quello che puo eſſer eſtremo della prepoſitione, & intendeſi l'eſtremo per il ſuggetto ò vero predicato: Si che ſecondo Ariſtotele il termine è quello, nel quale ſi riſolue la prepoſitione, come in ſoggetto ò vero predicato.

Fatte adunque queſte premeſſe, ragionaremo del termine communemente inteſo.

DELLA DIVISIONE DELli termini.

LI termini altri ſono poſitiui, altri priuati.

Il termine poſitiuo è quello, che ſignifica qualche forma hauer habito, che fa perfetto il ſuo ſuggetto, come il vedere, il quale dimoſtra la perfettione dell'occhio.

Il termine priuato è quello, che ſignifica la negatiua d'alcuna forma, ma che laſſa però l'attitudine nel ſoggetto, e quel che è atto ad hauer tal forma, come la cecità, le tenebre, & ſimili.

Altri ſono termini aſtratti, & altri concreti.

Il termine aſtratto è quello, che ſignifica la forma per ſe ſenza il ſoggetto, come, il ſapor, colore, odore, & ſimili.

Il termine concreto è che ſignifica la forma dinotando il ſoggetto, come colorato, bianco, negro, & ſimili.

Altri termini ſono incompleſſi, & altri compleſſi.

Il termine incomplesso è quello, che è termine semplice, ch'vnisce in se piu termini significatiui, come, huomo, leone, & simili.

Il termine complesso è quello, ch'in se raccoglie piu termini per se significatiui, & cosi il termine complesso sarà l'oratione, come, l'huomo è buono & simili.

Si che appresso Logici questo termine complesso s'intende per la dittione, & il complesso per l'oratione.

Altri termini sono con tempo, & altri senza tempo.

Il termine senza tempo è quello che significa la cosa assolutamente intesa, non misurata con alcuna differenza di tempo, le cui parti sono presenté, preterito, e futuró; & à questo modo si gnifica il nome, pronome, preso in luogo del nome, posciache, mentre si dirà huomo, ò vero animale, l'huomo significa.

Altri termini sono detti vniuoci, altri equiuoci, & altri analogi.

Il termine vniuoco è quello, che significa vna natura sotto vna diffinitione, come, huomo, sotto la qual diffinitione significa la natura humana, la quale è vna per specie, & medesimamente animale, sotto la cui diffinitione corpo animato sensitiuo significa. & la natura del animale, la quale è vna per genere.

Il termine equiuoco è quello, che sotto distinte ragioni senza ordine & immediate significa piu nature distinte per specie, come, cane, significa immediate il can celeste, terrestre, & marino.

Il termine analogo è quello, che sotto distinte ragioni, ò vero sotto vna participata inequalmente, significa piu nature, come per essempio, sano, mentre si cõsidera come equalità d'humore, significa animal sano; come causatiuo di sanità, ma come cosa che dimostra sanità, sarà detta orina.

Ma perche in questa Dialettica, si conosce il vero dal falso co'l diffinire & distinguere, serà bene trattare della diffinitione.

DELLA DIFFINITIONE & della Diuisione.

LA Diffinitione è vna breue & compita ſpiegatura di coſa in ſe raccolta & impiegata.

Quattro ſono le ſorti delle diffinitioni, ſoſtantiale, deſcriuente, per partimento, per diuiſione.

Soſtantiale diffinitione è quella oratione, che eſplica la coſa che ſi diffiniſce, & breuemente & compiutamente l'abbraccia.

Deſcriuente ſi dirà mẽtre ſi deſcriue la coſa. Diffinitione per partimento è quella oratione, che per enumeratione delle parti breuemente & compiutamente dimoſtra qualche coſa.

Diffinitione per diuiſione è quella, che per diſiungimento delle ſpecie breue & compiuto dimoſtra qualche genere.

La diuiſione è vn diſtribuir alcuna coſa alle ſue parti, & è di tre ſorte.

Vna che per ſe diſtribuiſce qualche coſa, l'altra che per accidente partiſce.

Della prima ſono tre ſpecie.

Del genere nelle ſpecie, che propriamente ſi chiama diuiſione, come l'animale, queſto è ragioneuole, e queſto ſenza ragione.

Del tutto nelle parti, la qual poſſiamo chiamar propriamente partitione, come la caſa in fondamenti, parieti, e tetti.

Le voci nelle ſignificationi, che ſignificano diſtintione, come, cane ò vero peſce, ò ſegno celeſte, come s'è detto.

Della ſeconda medeſimamente ſono tre modi: Vno col quale ſi partiſce per accidente la ſoſtanza ſubiettale, che ſi chiama diuiſione del ſuggetto in accidente, come, delli huomini, altri ſono pij, & altri impij.

L'altro è co'l quale diuidiamo l'accidenti per le ſoſtanze, come, di tutte le coſe che ſi deſiderano bramoſamente, altre ſono poſte nell'animo, altre nel corpo.

L'vlti·

L'vltimo è vn distribuimento dell'accidente negli accidenti, come, tutte le cose sono ò dure come pietre bianchissime, ò liquide come neui.

Non sarà anco fuor di proposito trattare del nome & verbo, del qual si forma l'oratione.

Il nome è vna voce, la quale secōdo, che alli huomini è piaciuto di porla senza tempo significa, di cui niuna parte disgiunta ò separata dimostra.

Il Verbo è vna voce, che significa con tempo secondo che à gli huomini è piaciuto, di cui niuna parte disgiunta ò separata significa.

Questo nome e verbo sono detti infiniti, & finiti.

Gl'infiniti sono quelli, à quali sono congionte le negatiue, come, non huomo, non animale.

Finiti sono quelli, che senza la negatiua si proferiscono, come, huomo & animale.

Nomi adonque sono quelli, che per il caso di nominatiuo si pronuntiano.

Et verbi quelli, che dimostrano tempo presente. il remanente si chiamano casi.

DELL'ORATIONE.

L'Oratione è quella, che per ordinamento degli huomini significa alcuna cosa.

Fa bisogno anco, che trattiamo delle propositioni, con le quali si formano i sillogismi: e però diremo.

DELLE PROPOSITIONI.

CHE alcune si chiamano predicatorie, & alcune Ippotetice.

La propositione predicatoria è quella, che consta de due termini, cioe, di soggetto & predicato.

Il sogetto è quello, di cui qualche cosa si dice, come, huomo.

Il predicato è quello, che si dice d'alcuna cosa, come, l'huomo è animale.

Il termine soggetto mai non è maggiore, ma sempre minore, ò vguale del predicato.

La propositione predicatoria, ò uero è negatiua; ò uero affirmatiua.

L'affirmatiua è enunciatione d'alcuna cosa che afferma.

La negatiua è, che niega.

La propositione Ippotetica è quella, nella quale si giũgono più categoriche, ouero più orationi. & è differẽte dalla categorica, perche in essa si cõgiõge solamẽte il soggetto & predicato, come, l'huomo è bianco; & questo nome di Ippotetica è detto dal Greco, che vuol dire in volgare, suppositiua, poscia che ĩ questa presuppositione si suppone vna oratione all'altra.

Le propositioni altre sono vniuersali, altre particolari, & altre indiffinite.

L'vniuersale è quella, che significa esser dẽtro ad alcuna cosa, ò no.

La particolare è quella, che significa esser dentro ad alcuna cosa, come, alcuno huomo corre.

La singolare, come, Aristotile disputa.

La indiffinità è quella, la quale senza segno vniuersale, ò particolare significa, ò essere, ò non essere, come, l'huomo legge.

Quì s'ha da considerare, che queste sorte di voci, cioe, ogni, nissuno & alcuno, li moderni li chiamano segni, & li antichi li chiamano termini sincategorematici; perche à i termini si aggiongono, ma essi termini non sono.

Le propositioni alcune sono contrarie, alcune sottocõtrarie, & alcune subalterne, & contradittorie.

Adunque l'vniuersale affirmatiua & l'vniuersale negatiua, nella quale le medesime cose sono predicate & soggette sono fra se contrarie.

Ma la particolare affirmatiua & negatiua, nella quale sono predicati & soggetti, le medesime cose si chiamano sottocontrarie, e l'vniuersale della particolar affirmatiua, & similmente

due

due negatiue subalterne si chiamano.

Ma quando la quantità s'oppone alla quantità, & la qualità alla qualità, essendo li medesimi soggetti & predicati, contradittorij si chiamano.

La onde l'vniuersale affirmatiua & la particolare negatiua, nelle quali son le medesime cose, sono da se stesse contrarie.

Se ad alcune di queste propositioni si pone innanzi la negatiua, sono contradittorie; ma se si pone dopoi, specialmente co'l segno vniuersale, sono contrarie.

Ma se all'vna e all'altra medesimamente si pone inanzi & di dietro la negatiua, possiede la forza della subalterna: ma questo basti quãto all'oppositione delle propositioni, & passiamo a ragionare della natura loro.

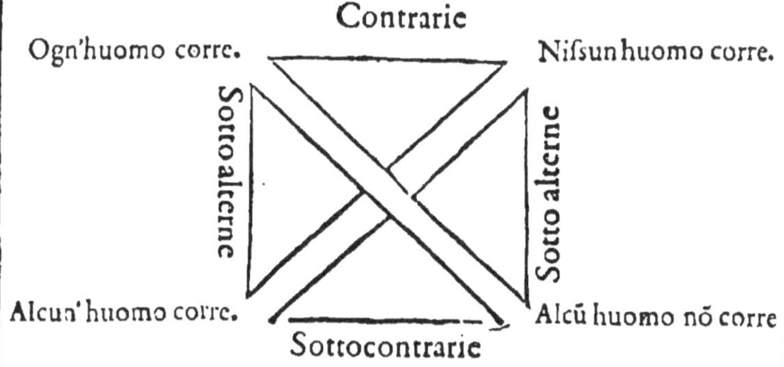

Tale è adonque la natura delle propositioni, che noi cõtrarij chiamiamo, che nõ potẽdo mai trouarsi vere insieme, perche se vna è vera, necessariamente conuiene, che l'altra sia falsa, & si dimostri tale; ne è lecito voltarla alla riuerscia.

Per il che le scopriamo esser insieme false in quelle cose, che contingenti chiamiamo, come, Ogn'huomo siede. e; Nissun huomo siede.

Per il contrario le sotto contrarie operar si vedono: perche non potendo esser insieme false, possono esser vere, & la falsità dell'vna mostra la verità dell'altra: ma la verità dell'vna, non mostra la falsità dell'altra: percioche ambe due possono insieme abbracciare la verità delle cose cõtingenti, come, alcun huomo siede, alcun huomo non siede.

Ma nelle sottoalterne se la particolar è falsa, l'vniuersal'è anco falsa; & non per il contrario; perche la particolare puo esser vera quando l'vniuersale è falsa, come, alcun huomo siede, & ogn'huomo siede.

Ma se l'vniuersale è vera, la particolare necessariamente è vera, come, s'ogni huomo è animale, anco alcun huomo è animale.

Le cõtradittorie adũque separano sempre il vero dal falso: perche se vna di loro è vera, è necessario che l'altra sia falsa: ma ragioniamo della conuersione delle propositioni.

DELLA CONVERSIONE *delle propositioni.*

LA cõuersione è quãdo il soggetto termino della propositione in predicato, & il predicato in soggetto si trãspone.

La conuersione è di tre sorti, cioe, semplice, per accidente & per contrapositione.

La semplice è quando li termini si transpongono, & la quãtità & la qualità medesima del tutto rimane.

Per questo modo di conuersione l'vniuersal negatiua, e la particolar affirmatiua si conuertano.

Percioche se niun animale è; nissuna delle cose, che sono è animale: & se qualche huomo corre, qualche cosa di quelle, che correno è huomo.

La cõuersione per accidẽte è quãdo trapostì i termini resta la medesima qualità, & si muta la quantità: à questo modo tãto l'vniuersal' affirmatiua, quanto la negatiua si conuertano: perche se ogn'huomo è animale, è necessario, che qualche animale sia huomo: e se de gli huomini niun puo volare, certo alcuna cosa di quelle, che volar possono, non è huomo.

La cõuersione poi per cõtrapositione si fa, quando la medema quantità rimane, e i termini traspostì infiniti si mutano: à que-

à questo modo si conuertono la vniuersal'affirmatiua,& la particolar negatiua; percioche, se ogn'huomo spira, tutto quello che non spira non è huomo:& s'alcun'huomo non siede, alcuna cosa che non siede, non è huomo: la natura di queste conuersioni è tale, che quando resta la medesima quantità, se vna è vera ò falsa, l'altra è tale.

Quando poi il mutamento della quantità si fa vero, sempre in vera essa si conuerte,& quella falsa, nella quale le cose di sopra si metteno di sotto: perche per la conuersione mutata la quantità, se ne fa la dritta predicatione, e necessariamente conuiene, che ella in vera si conuerta, come, alcun'huomo è animale: questa è vera quãtũq; ogni animale è huomo, vera nõ sia.

DE I PREDICABILI.

LI Greci & Latini sogliono chiamar predicabili & successiuamente predicamenti quelli, i quali con vocabolo greco si chiamano Categorie.

Predicabile è quello, che può predicare vniuocamente.

Li predicabili sono cinque, cioe, Genere, Specie, Differẽza, Proprio, & Accidente.

Il genere è quello che predica vniuocamente di piu differenti di specie per predicatione sostantiale in virtù dell'interrogatione quidatiua.

Il genere è di due sorti, cioe, vno è detto genere generalissimo, l'altro genere subalterno.

Il generalissimo è quello, che essendo genere, non puo esser specie,& che non ha sopra di se altro genere.

Il genere subalterno è q̃llo, ch'essẽdo genere puo essere specie.

La specie è quella, che si pone sotto il genere, che si predica vniuocamẽte di piu differẽti in numero ꝑ predicatione essẽtiale:& è di due maniere, cioe, specie specialissima, & subalterna.

La specialissima è quella, che essendo specie, non può esser genere, come, huomo, leone,& simili.

La specie subalterna è q̃lla, che giace sotto la specialissima, co-

come la voce, Animale. La differenza è quella per la qual fra se le cose differenti sono, & è di tre sorti, cioe, commune, propria & specifica.

La commune è quella, che è separabile: à questo modo diciamo, l'huomo bianco esser differente dal nero.

Ma propria è quella, che quantunque inseparabile sia, nondimeno per accidente dentro della cosa si ritroua, come il Coruo per la sua negrezza è differente dal Cigno.

La specifica poi è quella, che vniuocamente predica di più differenti in specie, ò in numero per predicatione di cosa essentiale; & questa prendiamo nel numero de cinque predicabili, la qual è di due sorti, cioe, diuidente, & constituente.

La diuidente chiamiamo quella, della quale il genere è diuiso, come, la Sostanza, altra è corporea, altra è incorporea.

La constituente chiamiamo quella che aggionta al genere constituisce la specie, come, delli animali altri sono ragioneuoli, & altri no: percioche soggionge la irrationalità all'animale, & si constituisce vna certa specie.

Adunque specifiche differenze sono quelle, che fanno vn'altra specie, delle quali se n'ha bisogno grandissimo per diuider e diffinire.

DEL PROPRIO.

IL proprio in quattro modi si prende: percioche tutto quello ch'accade ad vna specie, quantunque non à tutti contenuti da quella specie, ne sempre proprio si chiama, come, l'esser medico all'huomo. Et quello ch'accade sotto vna specie & sempre, ma non à quella specie sola, come, l'huomo hauer due piedi.

Et quello ch'accade à tutta vna specie, & à lei sola, ma non sempre, come, all'huomo il diuentar canuto.

Et quello che può trouarsi in tutta vna specie, & in quella specie sola, & sempre, come risibile nell'huomo; & à questo modo il proprio tra cinque vniuersali si pone.

Il

Il proprio adunque è quello, che predica vniuocamente, di più differenti per numero in cosa che è accidentale, & si predica in maniera, che si puo far la conuersione, come, ogni huomo è risibile, e tutto quello che è risibile è huomo.

DELL'ACCIDENTE.

L'Accidente è quello, che può accostarsi & discostarsi senza corromper il soggetto.

L'accidente è separabile & inseparabile: separabile, come, seder & simili. Inseparabile, come, la bianchezza & negrezza nell'huomo.

DELLI PREDICAMENTI.

IL predicamento è vn'adattamento di termine, secondo la natura delle cose, i quali termini non siano in conto alcuno insieme raggionti, ma separati, & fuor d'ogni sorte d'abbracciamento.

Li predicamenti sono dieci, cioe, il predicamento della Sostanza, della Quantità, Qualità, Relatione, Attione, Passione, Oue, Quando, Sito & Habito.

DELLA SOSTANZA.

LA Sostāza, secōdo Fisici, sono i puri corpi superiori, da quali tutte le cose inferiori sono composte.

E anco detta fondamento di qual si voglia cosa, come il cibo è Sostanza dell'animale: l'anima è sostanza del corpo.

La sostanza è corporea, & senza corpo.

La sostanza corporea è come vn corpo: il corpo è animato & inanimato.

Corpo animato, cioe, viuente; corpo viuente, cioe con senso, e senza senso.

Corpo viuente con senso, cioe, animale: animale, cioe, con di-

discorso, e senza discorso.

Discorsiuo, cioe, huomo.

Questa Sostanza si diuide in Sostanza creata & non creata.

La Sostanza non creata è immortale & fuora di tutti gl'accidenti, & mutatione: & questa è solo à Dio ottimo assimigliata.

La Sostanza creata si diuide in Sostanza spirituale & corporale.

La Sostanza spirituale è incorporea, ò che viue, ò che è senza vita.

La Sostanza spirituale incorporea, che viue, è l'anima nostra, & gl'Angeli.

La Sostanza spirituale, che non viue, è come la nostra idea.

La Sostanza corporea si diuide in semplice, ò composta.

La Sostanza corporea semplice è come le stelle, & li quattro elementi.

La Sostanza corporea composta, ò che è perfettamente cōposta di quattro elementi, ò imperfettamente dalla perfetta compositione delli quattro elementi.

Alcune cose sono che hanno solo l'essenza, & altre che hanno l'essenza & vita.

Le cose che hanno solo l'essenza, sono le pietre.

Le cose che hanno l'essenza & vita sono gli huomini & animali: & questi si diuideno, ch'altri viueno come le piante; altre con vita sensitiua, come gl'animali: altre con la vita rationale & intellettiua, come gli huomini.

La Sostanza corporea composta imperfettamente è quella, che appare nell'impressione dell'aere, la qual si fa dalli quattro elementi, cioe, dal fuoco nasce la essalation secca per la cui mistione sono causate le comete, & altri sublunari.

Dall'aria i raggi del Sole, che appaiono in piu modi, & li venti di piu sorte.

Dalla terra le putrefattioni & corruttioni, che sono generationi d'altri animali.

Dall'acqua l'essalationi, come nuuole & altre simili.

La Sostanza è detta prima & seconda.

La

La sostanza prima è quella, la quale non è nel soggetto.
La sostanza seconda è quella, che predica del soggetto.

Sostanza.
Corporea — Incorporea

Corpo
Animato — Inanimato

Corpo animato.
Sensitiuo — Non sensitiuo

Animale
Ragioneuole — Irragioneuole

Animal ragioneuole
Huomo.

DELLA QVANTITA.

IL quanto è quello, il quale si diuide nelle cose, che sono dentro.

La quantità è quella, che diuide la sostanza.

La quantità altra è continua, altra è discreta.

La continua è quella, le cui parti ad vn certo termine si congiungono.

Le sue specie sono la linea, la superficie, il corpo, il moto, il tempo. & così il Filosofo partisce la quantità.

Il luogo adonque fù posto alcuna volta in luogo del moto.

La quantità discreta è quella, le cui parti à ciascun termine commune non si congiongono.

Le sue specie sono il numero, & portione. Similmēte delle cose, che sono della quātità alcune di parti cōstano, c'hāno col locamento fra se: alcune nò, come fra latini si dice quelle cose, le quali nō solamēte cōtinue sono, ma che anco in luogo adagiate

giate si stanno, i quali Quanti ardiscano chiamar maggiori di tutti gli altri.

Di questa sorte sono la linea, la superficie, & il corpo.

Si dicono poi, non hauer positioni quei Quanti, che nõ sono in luoghi alcuni collocati, ma solo hanno l'ordine delle parti, come, il numero.

Alla Quãtità similmente, come alla Sostanza niuna cosa è contraria: ma il suo vero proprio è il dirsi secondo lei eguali, ò ineguali.

DELLA QVALITA.

LA Qualità è quella, secondo la quale siamo detti Quali.

Le sue spetie sono quattro, affettione, habito, natural potenza, ò vero impotenza, passione, ò vero passibil qualità; forma, ò vero figura.

Tra l'affettione & habito vi è questa differẽza, che l'affettione facilmente s'imprime & presto si muta, come, quãdo l'huomo è trauagliato dal caldo, ò da freddo, ò da sanità, ò d'altra simil cosa.

L'habito è poi più dureuole, è lungo, come, la virtù e scienza, & simili.

La natural potẽza ò impotenza si chiama vna certa forza dentro incarnata, ò vero vna certa debolezza, in virtù della quale la natura puo fare, ò patir alcuna cosa più facilmente, ò con maggior difficultà, come, il duro, ò vero il tenero, il mal complessionato, il robusto, & l'altre cose che dentro incalmate sono per natura, & da parte estrinseca non vengono.

Le passibili Qualità non sono affettioni ma quelle cose, in virtù delle quali si fanno le affettioni, come il caldo, il freddo, la bianchezza, la negrezza, & simili; le quali non sono chiamate passioni, perche i soggetti loro cosa alcuna da essi patiscono; ma perche truouano i sensi mutãdoli, come, l'amarezza, ò dolcezza.

Li colori sono cosi detti passioni, il che sogliono nascer in noi

noi dà mouimento, come la pallidezza dal timore, la consciē-za dalla vergogna, de quali quelli, che più longamēte durano, Qualità si chiamano; e quelle che presto passano, Passioni: perche chi diuenta rosso per vergogna, si dice che patisce qualche cosa, e non si chiama rosso.

La Figura è come cerchio, & simile.

La Qualità rende più & meno, ma non ogni qualità.

Il proprio della Qualità è, che secondo lei, simili, ò dissimili si dica.

DELLI RELATIVI.

I Relatiui sono quelli, che hanno vno scambieuole rispetto tra se, di maniera, che l'vno e l'altro, e l'altro dell'vno esser si dice, come il padre del figliuolo, & il figliuolo del padre.

De i Relatiui alcuni hanno fermezza da vn certo paragone vguale, come simile, vguale, amico; alcuni da maggiori, come padre, signore: alcuni da minori, come seruo, figliuolo: alcuni dalla volontà, come amico, inimico: alcuni dalla fortuna, come, seruo, signore.

I Relatiui riceuono più & meno: riceueno più non tutti, ma quelli, che si dicono secondo la Qualità.

Egliè manifesto, che tutti tra loro si conuertono: perche il padre è del figliuolo, & per il contrario.

DELL'ATTIONE.

L'Attion è quella, in virtù della quale tutto quello che si fa dicesi fare nella materia soggetta.

Le parti dell'attione sono sei, cioe, generare, corrompere, accrescere minuire, alterare & muouer di luogo.

Tutte queste sono specie & soggetti, come, generar l'huomo & corromperlo.

Le specie dell'accrescimento e del minoramento, sono in

longhezza, larghezza, & groſſezza.

Dell'ottimo genere, è il muouer per qualche ſpecie ſecondo il luogo del mouimento, come di sù, e di giù.

Alle volte l'attione è contraria all'attione, come, l'accendere & ſmorzare.

DELLA PASSIONE.

LA paſſione è effetto dell'attione.

Le ſue parti ſon o eſſer generato, eſſer corrotto, e l'altre che ſon dette nell'attione, non in quanto fanno, ma in quanto patiſcono.

DEL OVE.

L'Oue è quel collocamento di corpo, che procede dalla circonſcrittione del luogo: ma non è vna coſa medeſima il luogo e l'oue: perche il luogo nella coſa, che conſiſte capiſce: ma l'oue nella coſa, che è circonſcritta.

A queſta categoria ò predicamento niuna coſa è contraria, ſi come neanco è al luogo; & le di lui ſpecie ſono ſpecie del luogo, non come locante, ma come locato.

DEL QVANDO.

IL quando è quella parentela di coſe, che dal tempo rimane, che ſi diuide in paſſato, inſtante & futuro, Quantũque niuno di loro ſia.

Il paſſato, inſtante e futuro, ſon ben tempi, ma il quando non è tempo.

Adonque il quando è quella parentela di coſe, che ſi dice eſſer ſtata, ò eſſer, ò douer eſſere.

DEL SITO.

Il Sito è vn certo ordinamento delle parti, in virtù di cui si dicono le cose che stanno in piedi, ò che sentano.

Le sue specie sono, Giacere, Sentare, L'aspro & Liscio, & simili, non in quanto che sono dal fatto giudicate tali, ma in quanto per vna certa passione delle parti fra se si dispongono.

DELL'HAVERE.

L'Hauere si dice quelle cose, intorno alle quali alcuna cosa si giace.

Le sue specie sono l'esser'armato, l'esser vestito, e simili.

L'hauer riceue piu & meno, & riceue anco il contrario non come habito, ma come priuatione, come armato & disarmato, & si dice in sei modi. cioe,

Hauer qualità, come disciplina;

Hauer quantità come grandezza;

Hauer quelle cose che son'intorno al corpo, come le vesti.

Hauer membro, come mano,

Hauer vaso, come sacco;

Hauer possessione ò vero moglie, de quali tutti il terzo solo è di questo predicamento.

DEL PRIMO ET DOPOI.

IL primo e dopoi in quattro modi si dice,

Per natura, come quella cosa si dice prima,

Per la qual non si riuolta indietro, come vn che corre;

Per tempo, come Romulo fù primo di Camillo;

Per ordine, come l'essordio nella oratione

Per dignità, come l'huomo fra gl'animali.

DELL'INSIEME.

INsieme si dice in due modi, Per tempo, & Per natura.

Per tempo sono insieme quelle cose, la generatione & corrompimento delle quali è nel medesimo tempo.

Per natura sono quelle cose, che scambieuolmente l'vna segue doppo l'altra.

DELLE FIGVRE DE' SILlogismi.

POi che sin quì trattato habbiamo delli Predicabili della Sostanza, & suoi accidenti; è necessario hora trattar delle figure de' Sillogismi, che in questi versi vengono denotati.

Barbara, cęlarent, darij, ferio, baralipton:
Cœlantes, dabitis, fapesmo, frisesmorum:
Cesare, camestres, festino, barrocho, darapti;
Felapton, Disamis, Datisi, Brocardo, ferison.

In tutti questi modi, ò parole si ritroua alcuna di questi quattro vocali, a. e. i. o.

La lettera A. dimostra la proposition' vniuersale affirmatiua.

La lettera e. denota la vniuersal propositione negatiua.

La lettera i. dimostra la particolar' affirmatiua.

La lettera o. dimostra la particolar negatiua.

Tutti li predetti modi contengono tre sillabe.

La prima dimostra la propositione maggiore.

La seconda la proposition minore.

La terza la conclusione: & se ben' alcune hanno più di tre sillabe, tre solo seruono, & l'altre sono per compimento del verso.

I primi quattro modi della prima figura incominciano da queste lettere B c. d f. alli quali si riducono tutti li seguenti modi della prima, seconda, e terza figura: si che tutte le parole, che

che incominciano dal B. si riducono à Barbara; & così degl'altri sussequentemente.

ESSEMPIO DELLA RIduttione.

Barbara, bara lipton, barocho, brocardo;
Cœlarent, celantes, cesare, camestres;
Darij dabitis, darapti, disamis, datisi,
Ferio, sapesmo, frisesmorum, festino, felapton ferison.

In tutti li sudetti modi, eccettuati li primi quattro, si ritrouan'alcune di queste quattro lettere. s. p. m. c.

La S. dinota che quel modo si riduce per semplice conuersione.

Il P. dinota che si fa la riduttione per accidente.

La m. dimostra, che quel modo si riduce per la transpositione delle premesse, cioe, che la maggior sia minore, & per il contrario.

Il C. dinota, che quel modo si riduce per l'impossibile: si che appresso Latini furono in tal proposito memorandi questi versi.

Simpliciter verti vult s. p. vero per accidens
m. vult transponi. c. per impossibile duci.

ESSEMPIO DELLE FIGVRE de' Sillogismi.

Bar—ogni animal'è Mortale.
ba—ogn'huomo è animale:
ra—adunque ogn huomo è mortale.

Il secondo modo della prima figura per il qual si conclude l'vniuersal negatiua. è,

Ce—Nissun'animal è pietra:
la—Ogn huomo è animale.
rent—Adunque nissun'huomo è pietra.

Il terzo modo è q̄llo che cõclude la particella affirmatiua,in

Da——Ogn'huomo è rationale:
ri——Sorte è huomo:
j——Adunque è rationale.

Il quarto modo della prima figura conclude la particolar negatiua.in

Fe——Niſſun bene è male:
ri——Il viuer'è buono:
o——Adunque il viuer non è male.

Il primo modo della prima figura, che conclude la particolar affirmatiua indirettamente.

Ba—— Ogn'animal'è viuo:
ra——Ogn'huomo è animale:
lipton-Adunque qualche viuo è huomo.

Et s'auuerta, che ſi riduce in Barbara per la cõuerſion della concluſiõ per accidente, ꝑ cauſa del p.come di ſopra s'è detto.

Il ſecondo modo della prima figura, che conclude indirettamente l'vniuerſale negatiua è queſto.

Cœ——Niſſun'animal'è pietra:
lan——Ogn'huomo e animale:
tes——Adunque niſſuna pietra è huomo.

Queſto ſi riduce a cælarent,ſe ſi conuerte la concluſion ſemplicemente in vniuerſal negatiua.

Il terzo modo della prima figura,concludente indirettamente la particolar affirmatiua è.

Da——Ogn'animal'è viuo:
bi——L'huomo è animale:
tis——Adunque qualche viuo è huomo.

Si riduce à Darij conuerſa ſemplicemente la concluſione in particolar affirmatiua.

Il quarto modo della prima figura , concludente indirettamente la particolar negatiua è.

Fa——Ogn'animal'è ſoſtanza:
peſ——Niſſuna pietra è animale:
mo——Adunque qualche ſoſtanza non è pietra.

Si

Si riduce à Ferio conuersa la maggiore per accidente, cioe, participante dell'affirmatiua.

Il quinto modo della prima figura concludente indirettamente participante della negatiua è in

Fri——————Qualche huomo è animale:
se——————Nissun leone è huomo:
somorum—Adonque qualche animal non è leone.

Si riduce à Ferio conuersa la maggiore semplicemente, cioe, nella particolar affirmatiua.

Questi modi seruiranno à quello, che si serua nella prima figura, che conclude tanto direttamente, quāto indirettamēte.

DELLA SECONDA FIGVRA, & suoi modi.

QVesta seconda figura è più imperfetta della prima, quāto à i quattro modi concludēti direttamēte, perche nella prima si conclude l'vniuersal'affirmatiua, & nella seconda no: si che si riducono li modi della seconda alla prima, come gl'imperfetti à perfetti.

La seconda figura cōtiene quattro modi di sillogizare direttamente cōcludēti, de quali i duoi primi cōcludono l'vniuersal negatiua, & li due seguenti la particolar negatiua. Il primo è,

Ce——Nissun vitio è virtù:
sa——Ogni giustitia è virtù:
re——Adunque nissuna giustitia è vitio.

Si riduce à Celarent, ma conuersa semplicemente, cioe, nell'vniuersal negatiua.

Il secondo modo è

Ca——Ogn'animal è viuente:
me——Nissuna pietra è viuente:
stres—Adunque nissuna pietra è animale.

Si riduce à Celarent, conuertendo la minor semplicemente in vniuersal negatiua, & la conclusion semplicemente.

Il terzo modo è;

Fe——Nissun leone è huomo,
sti——Sorte è huomo:
no——Adunque sorte non è leone.

Si riduce à Ferio conuersa semplicemēte la maggior nell'vniuersal negatiua.

Il quarto modo è,
Ba——Ogni virtù è laudabile:
ro——l'Auaritia non è laudabile:
co——Adunque l'auaritia non è virtù.

Si riduce à Barbara.

DELLA TERZA FIGVRA con suoi modi di sillogizare:

IL primo modo della terza figura è,
Da——Ogn'huomo è sostanza:
ra——Ogn'huomo è animale:
pti——Adunque certo animale è sostanza.

Si riduce à Darij, conuersa la minor per accidente, cioe, nella particolar affirmatiua.

Il secondo modo è,
Fe——Nissun animal è morto:
lap——Ogn'animal è viuo:
ton——Adonque il viuo non è morto.

Si riduce à Ferio conuersa la minor per accidente, cioe, nella particolar affirmatiua.

Il terzo modo è,
Di——Certo huomo è giusto:
sa——Ogn'huomo è animale:
mis——Adūque certo animal è giusto.

Si riduce à Darij conuersa la maggior semplicemente.

Il quarto modo è,
Da——Ogn'huomo è sostanza:
ri——Certo huomo è animale:
si——Adunque certo animal è sostanza.

Si ri-

Si riduce a Darij conuersa la minor semplicemente nella particolar affirmatiua.

Il quinto modo è,

Bro——Certo huomo non è giusto.
car —— Ogn'huomo è rationale:
do —— Adunque certo rationale non è giusto.

Si riduce à Barbara per l'impossibile.

Il sesto modo è,

Fe —— Nissun vitio è virtù:
ri —— Certo vitio è pessimo:
son——Adunque certo pessimo non è virtù.

Si riduce à Ferio conuersa la minor semplicemente in particolar affirmatiua.

Poscia che veduto habbiamo del sillogismo formale, sarà bene trattar della consequēza dell'Entimema; dell'Induttione & dell'Essempio: Et poi del sillogismo demonstratiuo.

DELLA CONSEQVENZA.

E Vn'altra sorte di sillogismo detto consequenza; che si fa quando da vn antecedente ne succede necessariamente la consequenza, come,

L'huomo è animale:
Adunque è corpo.

Si fa anco questa consequenza diuisamente, come,

Ogn'huomo corre:
Adunque anche tu corri.

Vale la consequenza dalla singular propositione affirmatiua alla vniuersal negatiua, come,

Nissun huomo in Roma è cattiuo:
Adunque Aurelio è buono.

Non vale anco la consequenza dalla particolare indiffinita all'vniuersal, come,

Alcun huomo è dotto.
Adunque ogn'huomo è dotto.

Ma dalla particolare indefinita alla singolar vale, come,

Ogn'huomo è da bene:
Adunque tu sei da bene.

Vale anco dal numero sufficiente delle parti all'vniuersale, come,

Aurelio è huomo:
Adunque risibile.

Vale anco da vn correlatiuo all'altro. Similmente dalla diffinitione al diffinito.

Vale anco dal tutto copulato alle parti affirmatiuamente; ma non negatiuamente.

DELL'ENTIMEMA.

L'Entimema è l'argumento tratto da i segni, ò da qualche inditio, come,

Tu sei sempre nelli studij:
Chi sta nelli studij impara:
Adunque tu impari.

DELLA INDVTTIONE.

LA induttione si fa dal numero di più cose esposte, delle quali vna resta vera destrutte l altre, come,

Tomaso ha studiato cinque anni:
Tu hai studiato dieci,
Chi più studia più impara:
Adunque tu impari più.

DELL'ESSEMPIO.

L'Argumẽtare per essẽpio è facilissimo & osseruato, come:
Fu fatto giuditio altre volte che,
Essendo Antonio debitore fosse astretto à pagare.
Tu sei debitore, Adonque deui pagare il debito.

Et

Et è da notare, che questi essempij si leuano con gli altri essempij.

DEL SILLOGISMO DEmonstratiuo.

Volendo noi trattar del Sillogismo demonstratiuo, sarà bene saper che cosa sia demõstratione, la qual si considera in due modi, cioe, come causa finale & materiale, poscia che si come la casa per la causa finale è diffinita esser vna cosa che ne difende dal freddo e pioggie: & per causa materiale diffinita che sia composta di pietre & legni; così adunque diffiniremo la demonstratione per causa finale, & esser vn Sillogismo che causa in noi il sapere.

Et per causa materiale la demonstratione è vn Sillogismo, che consta delle premesse vere; Ma vediamo di quali premesse si facci la demonstratione.

La demostratione si fa di propositiõn necessaria; la quale è così vera, che non può esser falsa, come, Ogn'huomo è rationale, & simili.

Fassi questo Sillogismo demonstratiuo affirmatiuamente in Barbara, & negatiuamente in Celarent, con li modi che sopra detto habbiamo.

Il vero mezo adunque della demonstratione sarà la diffinitione del soggetto.

DELLA RESOLVTIONE DE gl'argomenti.

IL modo di risoluer gl'argomẽti ricerca che si cõsideri le propositioni, cioe, quali si debban negare, & quali confessare; & se ui fosse qualche propositione dubia, s'interrogarà il disputante per farla dichiarare auanti che si venga ad altra negatiua.

Si considera anco, se la propositione può star'ò no.

Si potrà impedir la conclusione dell'argomento con questi modi.

modi.

Prima negando quello che è falſo.

Reſiſtendo à quello ch'interroga à non conceder coſa alcuna fin che ſarà concluſo.

Si conſidera anco ſe la queſtion ſarà vitioſa.

Se ſi deue diſtinguere ò negare la minore ò maggiore propoſitione.

DELL' ARGOMENTO CHE inganna.

L'argomento che inganna ſta ò nelle parole, ò nelle coſe equiuoche, che hanno più ſenſi.

Queſta ſorte d'argomenti ſi deue fuggire; perche s'addimandano cauillationi.

Si diſcuoprono gli inganni dell'argomento, conſiderando l'Amfibologia.

Li accenti, li aggionti, ò compoſti, l'ortografia & la forma dell'oratione.

Nelle coſe diſtinte l'argomento fallace sarà queſto;

Cinque ſono tre e due.
Adunque tre ſono cinque.

Si conoſce l'argomento ch'inganna,

Prima dell'accidente, ſe ſi porrà l'accidente per il nome proprio, come,

Aurelio ſi muoue,
Aurelio è bianco
Adunque quel bianco ſi muoue.

Secondo, ſe quello che ad vn certo modo è & non è s'aſſeriſſe del tutto per vero, come,

Quel che è in opinione ſi tiene per vero:
Quel che non è vero è in opinione:
Adunque il non vero è vero.

Si-

Similmente dal conſequente alla riuerſcia, come,

L'huomo è animale:

Adunque quell'animal è huomo.

E perche queſta ſorte d'inganni facilmente ſono conoſciuti, ſi farà punto.

MVSICA

DELLA MVSICA.

I quanta consideratione sia appresso ogn'vno, benche semplice, la Musica; notabilissimi essempi lo dimostrano, poscia che molti col mezo di questa sono saliti à sì pregiati honori, che hanno fatto acquisto non solo di gran copia de beneuolenti, ma etiãdio d'honoratissimi premij, poscia: che non solo co'l mezo di questa hãno fatto captiui gli ascoltãti con il concerto delle proportionate & sonore voci, ma etiamdio hanno acquistato la cognitione di marauigliose cose. Però facendo bisogno hora trattarne diremo,

Che la musica è vna compositione di voci con proportione, e misura.

Si diuide la Musica in Theorica, cioe speculatiua, & Prattica.

La Musica theorica, è di tre sorti, ma per esser meglio intesi faremo altra diuisione.

La Musica è di due sorti, cioe, Naturale & Artificiale.

La naturale si diuide in Celeste & Humana.

La celeste è quella, che tratta dell'armonia del mondo.

La humana è quella, che tratta delle proportioni del corpo humano.

Ma perche per hora s'intende solo trattare della Musica artificiale, tralasciaremo le predette, & à suo luogo ne ragionaremo.

La Musica artificiale non è altro se non la dolcezza di più voci insieme cõposte, la qual si diuide in theorica & prattica.

La teorica è quella, che considera la proportione delle diuersità de suoni è disparita con ragione.

La prattica è quella, che manda in essequutione quanto per la teorica è detto, regolandosi con l'orecchia.

Questa prattica si diuide in Musica vocale & instrumentale.

La musica vocale è quella, che vien dalle voci & parole, che s'intendono, la quale si sudiuide in musica regolare & irregolare.

La musica regolare è quella, che si fa con regola.

La irregolare è senza regola.

La musica regolare si diuide in due, cioe, in canto figurato & fermo.

In questa musica vi sono tuoni, cioe, graui & acuti.

Il graue è quello, che viene dal fondo del spirito.

L'acuto è quello, che viene dalla superficie, cioe, bocca.

In questa musica regolare sono sette lettere, quali si chiamano segni, come,

G, sol, re, vt.
A, la, mi, re.
B, fa, b, mi.
C, sol, fa, vt.
D, la, sol, re.
E, la, mi.
F, fa, vt.

Questi sette segni si mettono tre volte nella mano manca, secondo l'ordine naturale del pollice, indice, medio, annulare, & auriculare.

Il primo ordine posto nella mano delli predetti sette segni sono graui.

Il secondo, acuti.

Nel terzo, sopra acuti, si che diremo, graui, acuti, & sopra acuti.

Vi sono poi le chiaui, le quali sono tre,

Di

Di F, fa ut —— 𝄢 la qual ſerue alle voci graui.

Di C, ſol fa ut 𝄡 che ſerue alle voci acuti.

Di G, ſol re ut 𝄞 che ſerue alle ſopra acute.

Le proprietà ſono tre, che ſi dimoſtrano per tre lettere, cioe,

Per C —— natura graue.
Per F —— bemole. b.
Per G —— bequadro ♮

Da queſte tre proprietà naſcono tre generi di muſica, cioe,

Diatonico,
Chromatico
& Enormatico.

Ma perche s'habbi la pratica della mano tãto neceſſaria in queſt'arte, ſi farà la ſua figura nel modo, che ſi vede, poſcia che queſta è fondamento reale della muſica, inuentione veramente degna, & mirabilmente lodata sì per la ſua belliſſima inuentione, sì anco per la ſua breuiſſima facilità della quale ne diſcẽdon infinite vtilità in queſta diletteuole profeſſione, cõ la quale ſi rẽdono captiui gli animi degli huomini, che l'aſcoltano in maniera, che non ſolamente reſtano amatori di eſſa, ma ancora di quelli, che con armonico concerto in maniera ſoaue dilettevolmente la vſano, come degnamẽte ſi ode ſpeſſe volte nel dilettevole, & ſopra modo grato concerto del ſacro Oratorio della veneranda Confraternità della ſantiſſima TRINITA in Roma; la quale per le ſue rare qualità, è degna di perpetua lode.

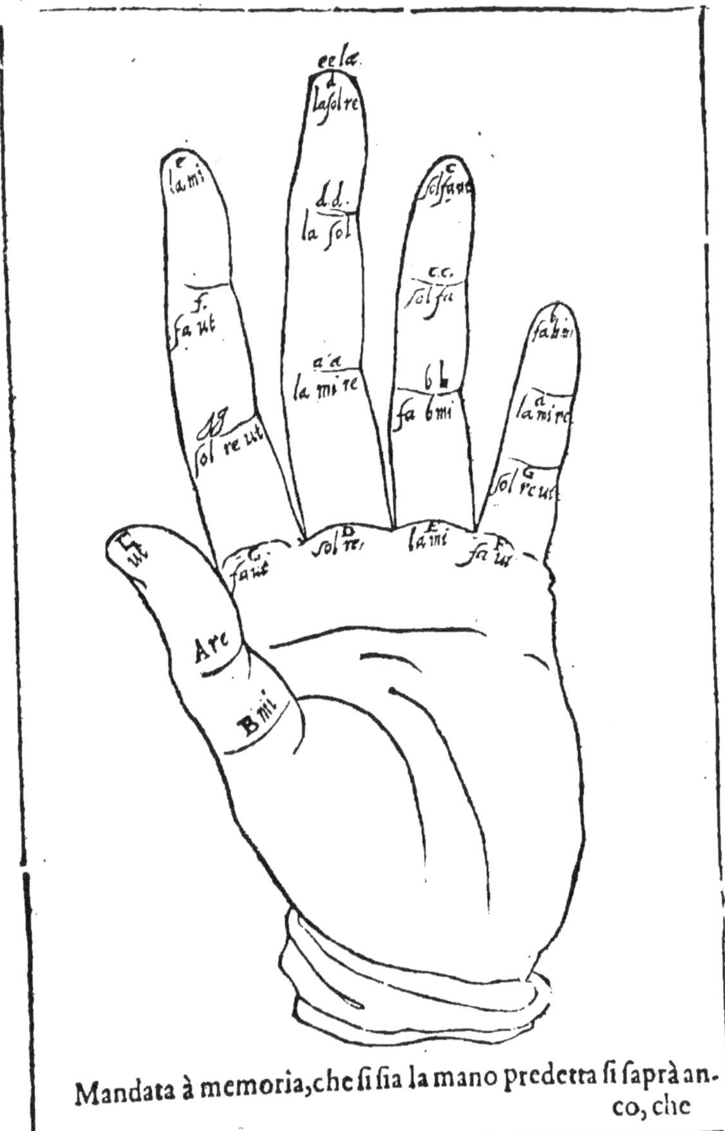

Mandata à memoria, che si sia la mano predetta si saprà anco, che co, che in essa vi sono tre proprietà, perche ciascun.vt. fondato in qual si voglia.G.g.gg. si canta per bequadro.♮.

Et similmente l'altre sue seguenti note, che da lui sono gouernate & rette.

Et ciascun essacordo, che habbia il suo fondamento nel C.c.cc. si canta per natura.

Et quelli, che sono fondati in. F.f. per b.molle, ò graui, ò acuti, ò sopra acuti si siano, si cantano.

Per il che fa bisogno imparar la detta mano in questo modo, cioe,

G vt. ha vna lettera & vna nota. G. è la lettera. vt. è la nota, che si canta per bequadro graue, & si regge da se medesimo dicendo. vt.

A re. ha vna lettera e vna nota. A è la lettera. re. è la nota, che si canta per bequadro graue, & si regge dal. vt. di. G. vt. & si dice. vt. re. re. vt.

♮ mi ha vna lettera & vna nota. ♮. è la lettera. mi. è la nota, che si canta per. ♮. graue, & si regge dal. vt. di G vt. & si dice. vt. re. mi. mi. re. vt.

C fa vt. ha vna lettera, e due note. C. è la lettera. fa. vt. son le note. fa. si canta per ♮ graue, & si regge dal. vt. di G vt. dicendo: vt. re. mi. fa. fa. mi. re. vt. & l'. vt. si canta per natura graue, & si regge da se medesimo dicendo. vt.

D sol re. ha vna lettera, e due note. D. è la lettera. sol. re. son le note. sol. si cãta per ♮ graue, & si regge dal. vt. di G vt. dicendo. vt. re. mi. fa. sol. fa. mi. re. vt. il. re. si canta per natura graue, & si regge dal. vt. di. C fa vt. dicendo. vt re. re. vt.

E la mi. ha vna lettera, e due note. E. è la lettera, la. mi. son le note. la. si canta per ♮ graue, & si regge dal. vt. di G vt. dicendo. vt. re. mi. fa. sol. la. la. sol. fa. mi. re. vt. il mi. si canta per natura graue, & si regge dal. vt. di C fa ut. dicendo. vt. re. mi. mi. re. vt.

F fa ut. ha vna lettera & due note. F. è la lettera. fa. vt. son le note. fa. si canta per natura graue, & si regge dal. vt. di C fa ut. dicẽdo. vt. re. mi. fa. fa. mi. re. vt. &. vt. si canta per b. molle graue, &

ue & ſi regge da ſe medeſimo dicendo. vt.

G ſol re ut. ha vna lettera e tre noti, G è la lettera. ſol. re. vt. ſon le note. ſol. ſi canta per natura graue, & ſi regge dal. vt. di C fa ut. dicendo. vt. re. mi. fa. ſol. ſol. fa. mi. re. vt. il re. ſi canta per b. molle graue, & ſi regge dal vt. di F fa ut. dicendo. vt. re. re. vt. & vt. ſi canta per ♮ acuto, & ſi regge da ſe medeſimo dicendo. vt.

A la mi re. ha vna lettera e tre noti, A è la lettera. la. mi. re. ſon le noti. la. ſi canta per natura graue, & ſi regge dal. vt. di C fa ut. dicendo. vt. re. mi. fa. ſol. la. la. ſol. fa. mi. re. vt. Il mi, ſi canta per b. molle graue, & ſi regge dal. vt. di F fa ut. dicendo. vt. re. mi. mi. re. vt. il re. ſi canta per ♮ acuto, & ſi regge dal vt. di G ſol. re. vt. dicendo. vt. re. re. vt.

b. fa. ♮ mi. ha due lettere, e due noti. b. ♮. ſon le lettere, & fa. mi. ſon le note. fa. ſi canta per. b. molle graue, & ſi regge dal. vt. di F fa ut. dicendo. ut. re. mi. fa. fa. mi. re. ut. mi. ſi cãta per ♮ acuto, & ſi regge come di ſopra.

Et continuando con queſto ordine fin in capo della mano s'haurà la dichiaratione d'eſſa diſtinguendo le note dalle lettere, & l'vna proprietà dall'altra, cioe, le note di ♮. da quelle di. b. molle, & tutte queſte da quelle di ♮.

Habbiamo dunque queſte regole, prima, che il Γ. importa quanto il G. Che le lettere differenti ſono ſette. A. B. c. d. e. f. g.

Ma tutte inſieme ſono vinti, come dalla infraſcritta mano ſi vedrà, cioe, dieci in riga e dieci in ſpatio, ſegnandoſi le prime graui, grande, le ſeconde acute picciole, & le terze ſopra acute geminate.

Di più, che le note ſono ſei, cioe, vt. re. mi. fa. ſol. la. ſette volte ritornate nella mano.

Di più, che ogni. vt. incomincia ò in G, ò vero in C, o in F.

Et finalmente, che ogni. vt. in G, ſi canta per bequadro ♮.

In C, per natura.

In F, per bemolle.

Se

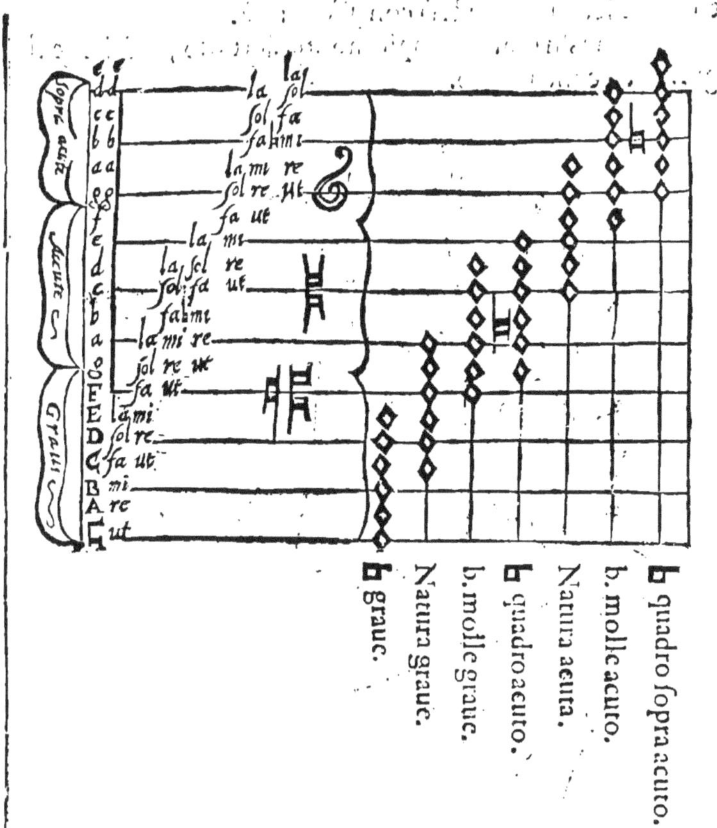

Se bene di ſopra figurato habbiamo la mano principale, per la quale s'è dimoſtrato con che ordine ſi poſſi far capace l'intelletto delle lettere ſituate nella mano con le ſue note adherenti, dalle quali con facilità ſi può trarre il modo di conoſcere le proprietadi, & come ſotto eſſe vengono cātate le note collegate ad eſſe lettere; & inſieme inſieme s'habbi veduto, con l'ordine della predetta mano il modo di mādarla à memoria, come di ſopra s'è detto; Non ſarà fuor di propoſito hauer ſituata la ſopraproſſima figura, per la quale ſi è dimoſtrato la

to la predetta mano estesa con più facilità.

E perche s'habbi la compita notitia del tutto, sarà bene figurar la seconda mano.

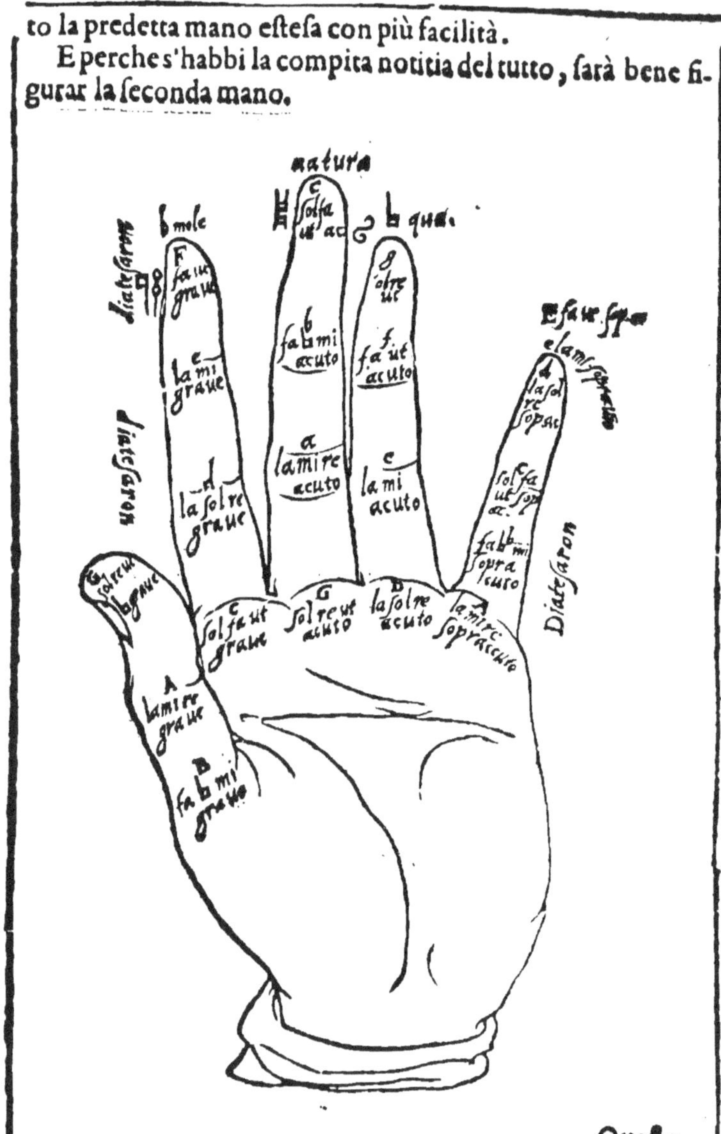

Queste

Queste sei voci sono in diuerse figure dimostrate, come,

Massima	val otto batture	
Longa	val quattro	
Breue	val due	
Semibreue	val vna	
Minima	val meza	
Semiminima	val meza di meza	
Croma	otto fanno vna	
Semicroma	sedeci fan vna	

DEL PVNTO.

QVando si vede vn punto appresso vna nota, la fa valer meza battuta di più di quel che vale, come quì si vede.

ut re mi fa sol la

Sarà bene anche per più facilità figurar il modo del buttare le voci.

ut re mi fa sol la la sol fa mi re ut

Terza, quarta, quinta.

Queste sei voci che sono nella musica, nascono attualmente dalle tre proprietà, in questo modo, cioe,

Delle proprietà di ♮ quadro per li bassi Essempio.

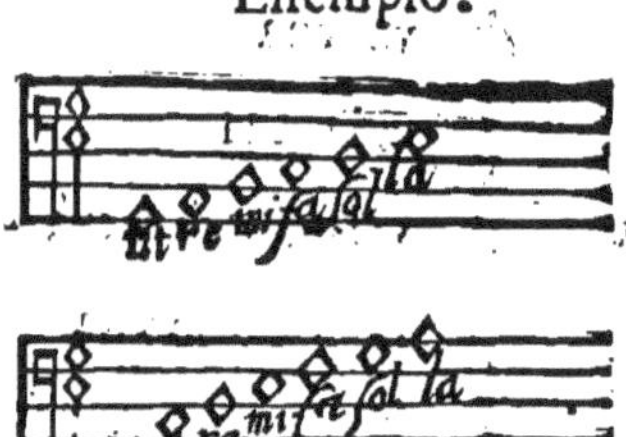

Essempio per b molle.

Accidentalmente.

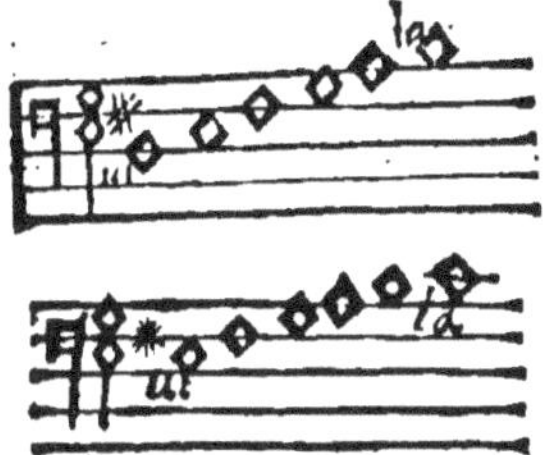

Questi sudetti modi sono gli essempij, che per li bassi distribuiscono le sei voci.

Essempij per li tenori, & alti per b molle, & per natura.

Per ♮ quadro accidentalmente.

Essempij per soprani per natura, e per b molle.

Per ♮ quadro.

Li predetti eſſempij ſeruano per aſcēdere ſolfigiando, & ſimilmente potranno per deſcendere ſeruire leggendoli alla riuerſcia.

Ma perche ogni volta, che la voce paſſa la nota: la: ſi fa la mutatione ſarà bene trattare il modo delle mutationi per b molle e per ♮ quadro.

Scala delle mutationi ber b molle.

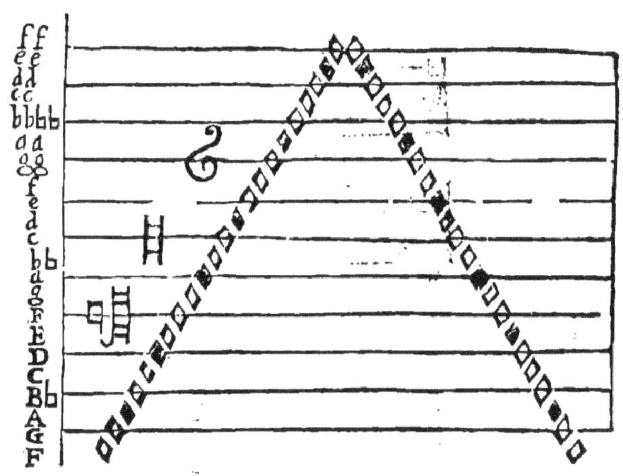

Scala delle mutationi per ♮ quadro.

Poſcia

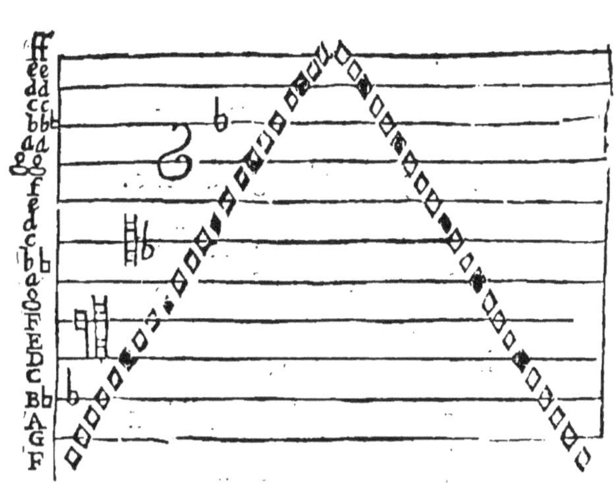

Posciache figurato habbiamo le scale delle mutationi per b. molle, e per ♮ .quadro con quel più facil modo che s'è potuto, sarà bene figurar le maniere & figure per le fughe, hauuti prima gl'essempij particolari è chiari.

Essempio per le fughe predette.

Essempio per le fughe di Terze.

Essempio per le fughe di quarte.

Essem-

Essempio per le fughe di Quinta.

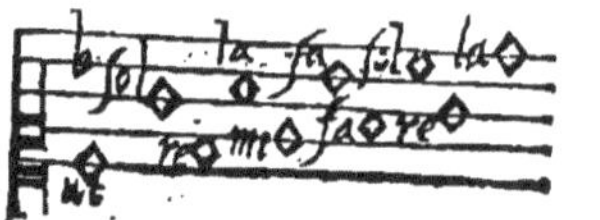

Essempio per le fughe di Sesta.

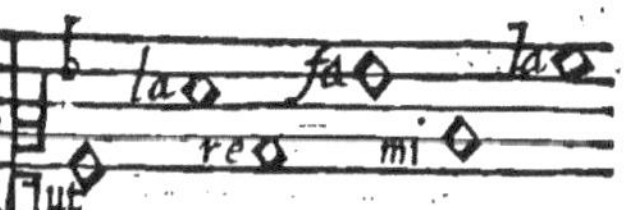

Essempio per le fughe di Settima.

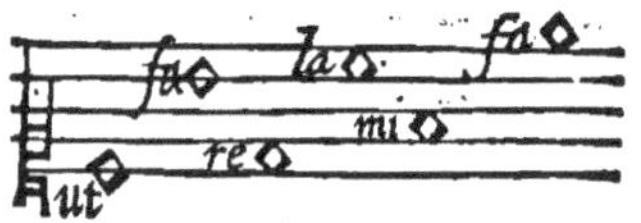

Essempio per l'Ottaue.

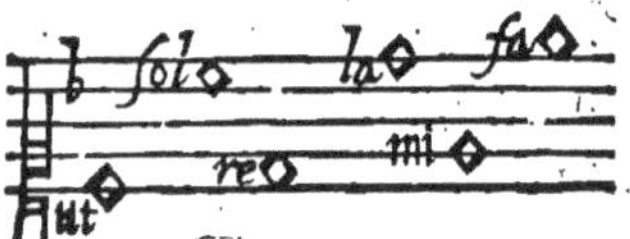

Li predetti essempij serueno per le fughe che ascēdeno, & potranno anco seruir per discender alla riuerscia solfigiandola; I quai modi di solfigiare il desideroso sapere con l'essercitio in breuissimo tempo l'acquisterà. Ma passiamo al modo di comporre.

DEL MODO DI COMPORRE.

SI suol'osseruar nelle compositioni di considerar prima le parole che vsar si deueno nella compositione, cioe, se sono liete ò meste, graui ò giocose.

Si cōsiderano anco le sillabe, se sono lōghe ò breue, & fatta elettione del modo & voce, che vorremo vsare, sarà bene aueruertire, che le cadenze non ſiano di b. molle in ♮. quadro, ſi che volendo compor'à tre voci, ſi farà, che il baſſo ſe ne vadi con il ſoprano ſempre in decima, poi del Tenore ſi farà quel che ſi vorrà, eccetto due terze ò due ſeſte in diuerſe linee.

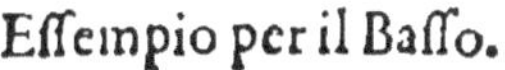
Eſſempio per il Baſſo.

Soprano.

Tenore

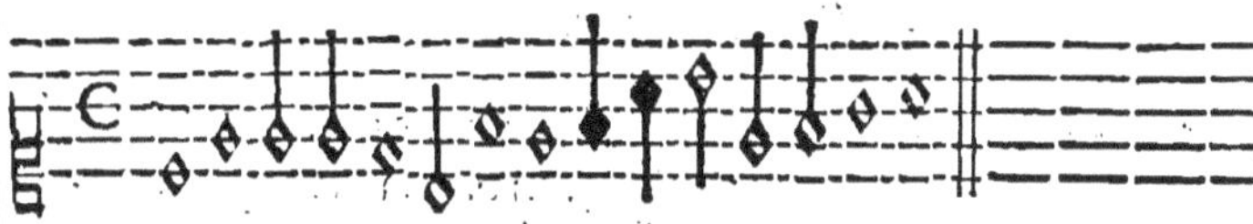

DELLI SEGNI CHE SI RItrouano & s'vſano nella Muſica.

SI vſa nella Muſica queſto ſegno ⊙. il quale denota, che la breue vale tre ſemibreui.

Si ritroua anco queſto ſegno C. che dimoſtra numero binario, cioe, che la breue val due ſemibreui.

Similmente ſi vede queſto ſegno Φ ò vero coſi ₵. che denotano che due ſemibreui fanno vna battuta.

Ma ſe il ſemicircolo foſſe poſto alla riuerſcia coſi Ɔ. denota che due ſemibreui vagliono vna battuta.

Et hauendo la virgola Ɔ̸. quattro ſemibreui fanno la battuta.

Et

Et essendo con il punto inãzi, come cosi ⦵ .la battuta hauerà dodici minime,cioe,quattro semibreue.

DELLA BATTVTA.

PErche nella Musica la battuta è guida de professori d'essa; sarà bene,anzi necessario trattarne.

La battuta è il segno che da il capo di Musica con la mano, battendo per regolare il canto: & questa battuta ha due capi, vno nell'ascendere, l'altro nel descendere.

DELLA SINCOPA.

LA Sincopa è vn' passamento di figura fin'al compimento nel numero.

DELLA CONCORDANZA, & discordanza.

LA Concordanza è vna mistura di voci graui & acute: & le Concordanze sono dodeci.3.5.8.10.12.13.15.17.19.20.

La discordanza è vna confusione di voci,che offende l'orecchie:& sono noue,cioe,2.4.7.9.11.14.16.18.21.

DELLI SEGNI CHE SI COstumano nella Musica.

SI ritroua nel principio del canto questo segno ✻.che denota la voce che segue.mi:

Questo segno ✕.è detto diesis.

Quando lo vederemo cosi ✻.denota semitono minore.

Se lo vedremo cosi ✻.denota semitono maggiore.

Ma se lo vedremo con nuoue virgole,cioe, ✻. denotarà tuono.

Quando vedremo vn b.denotarà la voce che segue,fa:

Si

Si ritroua anco la dupla, che dinota nel canto che due sono comparati ad vno.

La tripla poi, che tre sono comparati ad vna battuta.

La quadrupla poi dinota quattro ad vna.

Vi è poi la sesqaltera, che dinota che tre sono cōparati à due.

Si ritroua anco la sesqui terza, ma di raro.

DELLE FIGVRE DEL CANTO fermo.

SE ben questa maniera di canto, è poco in vso, non sarà male trattare d elle sue figure.

La descrittione delle note del Canto fermo è di tre sorti, cioe, Semplice, Composta & Mezana.

La nota semplice si fa di corpo quadro senza coda in forma di breue, & alcuna volta con la coda in forma di longa.

Essempio.

La not a composta si congiunge con l'altra, ma diuersamente, perche ascendendo la seconda, la prima non ha coda.

Essempio.

Et descendendo la seconda, la prima nota ha la coda da man sinistra.

Ma l'vltima nota legata in tre modi si manifesta.

Il primo modo è quando la penultima ha sotto la nota di corpo quadro senza coda.

Il secondo modo è quando l'vltima è posta sopra la penultima direttamente.

Il terzo modo è quando l'vltima è posta sopra la penultima non rettamente.

Vi era anco anticamente in vso di legare piu figure in vna, ma è in dissuetudine.

DEL MODO DI PROFERIRE le parole nel Canto fermo.

SI proferisce per ogni legatura vna sillaba, quantunque siano piu note in vna legatura, la progressiõ delle quali note sotto egual misura di tempo, se ben diuerse di forma sono, deue esser pronuntiata.

Il qual tempo e misura si considera intiero, e non diuisibile, acciò che quello che farà il Contrapunto sia sicuro: la qual misura si pone in due note egualmente cantate, & alcune volte in vna sola con l'imaginata eleuatione & depositione della battuta

DEL CONTRAPVNTO.

GLi elementi del Contrapunto, che altro non è se non l'arte ch'insegna à disponere i suoni cantabili con dimentione proportionabile & misura di tempo, sono tredici; cioe, Vnisuono, Terza, Quinta, Sesta, Ottaua, Decima, Duodecima, Terzadecima, Quintadecima, Decima settima, Decima nona, Vigesima, & Vigesimaseconda.

Ogni contrapunto deue incominciare in consonanza perfetta, come è vnisono, ò vero ottaua.

Non possono star nel contrapunto due vnisone, Due ottaue, Due quintadecime, senza la intermissione d'vna consonanza mezana.

Se la parte del basso ascende, l'acuta descende: & finalmente s'attenderà che il canto termini in consonanza perfetta.

Chi desidera dunque far'il contrapunto, farà bisogno impa-

rar

rare prima à nota cõtra nota, acciò s'impari à cadere su le Consonanze.

Poi à minima, con'alcune semibreue sincopate in fuga co'l canto fermo, & alcuna volta descendendo alle Cadenze perfette d'ottaua,, di quinta, & simili.

Saria necessario quì figurar la mano del Contrapunto, ma per maggior breuità si tralascierà, arricordando à chi è desideroso sapere, si transferischi all'opera del Lanfranco, che restarà à pieno sodisfatto.

DEL MODO DEL DARE LE VOCI.

E Quasi cosa impossibile di mostrar il modo di dar le voci in scrittura, essendo necessaria in ciò l'orecchia: ma per far quel piu che si puote, trattaremo almeno le regole del dare le voci.

Prima sarà bene considerare l'estremità delle voci, ò del canto, & in particolare del basso, per dar piu commodamente le voci.

Se il canto sarà per essempio à quattro voci, si pigliarà il canto, & poniamo in essempio che la voce prima sia in gg. sol. re. ut. secondo: & il Contralto in D. la. sol. re. Il Tenore in g. sol. re. ut. primo. Il Basso in f. fa. ut & incominciando dal soprano procederemo al Contralto per quarta rimessa. poi per quinta medesimamente rimessa al Tenore si darà la voce, ma da questa si pigliarà per vna ottaua distante, nel graue al basso da quel basso medesimamente si può dar principio nel dar le voci, pigliando da questa l'ottaua alzata al Tenore, & da questa alla quinta sopra passando si da la sua voce all'alto, dalla qual per quarta si va à quella del soprano.

Essempio.

DELLE REGOLE D'OSSERuanza appresso il Cantore.

PRima di conoscer la natura del Canto, secondo se il canto si canta per ♮ ò per b molle, terzo concordar le voci con le parole, quarto conseruar l'equalità nella misura del canto, quinto non mutar le vocali delle parole, cioe, proferire vn A per un e. sesto non mandar fuori la voce con molto furore. Et finalmente cantare con la uoce, e non con gesti.

Nō è dubio, che in questa parte saria necessario trattare delli suoni d'ogni strometo pertinēte alla musica. Ma perche molti sono in desuetudine, & in poca stima, ragionaremo di quelli, che sono in consideratione, incominciando dal più nobile, che è il Liuto.

Il Liuto ha sopra di se sei ordini di corde, cioe, canto, sottane, mezane, tenori, bordoni & bassi. & alcuna uolta da moderni si usano li contrabassi.

Nel Liuto sono otto tasti, ne quali si fa l'accordatura d'esso.

Nel far adunque l'accordatura di questo strometo, si piglia il basso prima, & si accorda col canto in ottaua. Il bordone in quarta col basso, il tenor in quinta col bordone. Similmente le corde acute, cioe, la mezana s'accorda nel terzo tasto col bordone voto in ottaua, & similmente la sottana co'l tenore.

Hauuta c'habbiamo l'accordatura, sarà bene situar la mano sopra questo piaceuole stromento cosi ordinatamente procedendo.

La mano adonque nel Liuto s'estenderà in questo modo, cioe, A re, si pone nei bassi voti. B fa, nel primo tasto. & B mi, nel secondo. & C fa ut, nel terzo.

Ma nei Bordoni uoti, D sol re: & nel primo sottasto, E la: & nel secondo, Mi: & nel terzo, F fa ut: nelli tenori uoti G sol re ut: primo. le note del quale nel primo tasto, che diuide il tuono si proferiscono, & nel secondo tasto è A la mi re: & nel terzo, B fa b mi: di b molle.

La

La quarta corda vota detta mezanella ha B fa b mi, acuto: nel primo tasto è C sol fa ut, & similmente nel secondo: percioche formando il Diesis, esso diuide il tuono, che è frà C sol fa ut, & D la sol re; il qual D la sol re, nel terzo tasto della detta sottanella si fa sentire da questo D sol re: si ua alla sottanella, & si pone vota, E la mi, secondo, perche F fa ut, è restato nel quarto della mezanella, ma nel primo tasto & secondo: similmente uolendosi partir il tuono, le note di F fa ut, secōdo si proferiscono, & nel terzo, gg sol re ut, secondo, & nel quarto d'essa sottanella similmente: percioche esso tasto diuide il tuono lasciando di sotto il maggior semitono.

Nel canto voto è A la mi re: secondo nel primo tasto bb fa b mi; radoppiate nel secondo, & nel terzo, cc sol fa ut, è D la sol re: nel quinto. perche il quarto di nouo è cc sol fa, che fa il semitono minore con dd la sol: & il maggiore con cc sol fa: principale e naturale, & e la si ritroua nel settimo tasto, diuidendosi il tuono fra, e la, e dd la sol: per l'istesso tasto.

Per le qual diuisioni il bordon s'accorda in quarta sopra il basso, & come di sopra s'è detto.

Et doue si trouarà nel Liuto l'vt, susseguentemente seguirāno l'altre uoci di tasto in tasto, di corda in corda, & si seruarà il medesimo ordine di solfigiare sonando, che di sopra nella musica uocal s'è detto.

DELLE VIOLE ET VIOLONI.

DAl violone al liuto altra differenza non vi è, se non le corde geminate del liuto, però si fa la medesima accordatura del liuto, come di sopra habbiamo detto; ma se vorremi accordar più viole insieme col basso, ò violon grande, prima tiraremo il tenore al segno, come habbiamo detto del liuto, & accordaremo il soprano di corda in corda vna quarta più alta sopra detto tenore; cosi, che il bordone del tenore, & il basso del soprano siano vnisoni, & similmēte il tenore del tenore, & il basso del soprano siano vnisoni. & similmente il

tenore

tenore del tenore col bordon del ſoprano, & la ſottanella del tenore, ſarà vniſono con la mezanella del ſoprano: ma il tenor d'eſſo ſoprano per quarta ſopra del ſuo medeſimo bordone, ò in terza maggiore ſotto la ſua mezanella. Et ſimilmente il ſuo canto per quarta ſopra la ſua ſottanella. Et volendo con queſti due inſieme vnite venir al baſſo, il quale deue eſſer maggiore di corpo del tenore, ſotto le corde del quale di corda in corda per quinta lo tiraremo.

Soprano. Eſſempio del tenore, come nel ſoprano, & coſi nel baſſo.

Ma ſe vorremo aggiongerui il contralto, facciamolo di corda in corda vniſono col tenore.

DELL'ARPA.

L'Arpa s'accorda come ſi fa il Monacordo, ma in eſſa non ſi diuide alcun tuono naturale, come ſi fa ne i monacordi; ſi che in otto corde conſiſte la ſua accordatura; percioche replicando l'ottaua le voci acute naſcono dalli baſſi, come per le ſue quindeci corde ſi uede l'eſſempio, nelle quali ſono le ſillabe cantabili, che in eſſi ſi poſſono conſiderare.

DEL MONACORDO

SArà bene auanti, che paſſiamo all'accordatura delli monacordi & organi, che poniamo per più facilità le regole neceſſarie, li Ff. abbracciano tutto l'inſtrumento, & per mezo loro, ſi può far giudizio della altezza & baſſezza de i ſuoi eſtremi.

L'accordatura ſi fa per mezo dell'ottaue, quinte, quarte, e terze.

Le ottaue ſiano unite perfettamente.

Le quinte ſiano, che lo eſtremo acuto tenga dal baſſo, ò uero, che il graue ſi faccia più preſto dell'acuto.

La quarta vuole il ſuo eſtremo acuto in alto per quanto ſi può

può contentare l'orecchia.

Che lo estremo acuto di ciascuna terza maggiore s'alzi in modo, che il senso più non ne uoglia.

Le terze minori per il cõtrario, s'accordano & li maggiori naturalmēte sono poste fra, ut, mi, & fra, fa, la. ma le minori fra, re, fa, & fra, mi, sol.

Due sono gli ordini d'accordare, uno di ♮ quadro, l'altro di b molle, ciascun de quali procede per tasti bianchi, & neri, come, che i bianchi sono naturalmente di ♮ quadro.

L'ordine di ♮ mai passa per tasto nero, che è fra li a & li ♮ quadri, ne per li d. & le e, perche il primo è il propro b molle, & il secondo il suo susseguente & consonante.

Li tasti neri, che sono fra le f, & li g, & fra li g, & a, & fra li c, & d, sono per seruitio del ♮ quadro, benche la più parte siano communi al b mollè nel sonare.

L'ordine del b molle mai non procede per il tasto bianco di b fa b mi, ne per il negro, che è fra li g, & a, ma si vsa sonando li neri, che sono fra le f, & g, & c, & d.

Si che accordando l'ordine di ♮ quasi del continuo s'accorda lo estremo acuto col graue, & le quinte spontate nello acuto, & per b molle nel graue.

Nel primo tasto di monacordi & organi, al più incomincia in F fa ut, grauissimo & procedeno al G ut, & ad A re, & b mi, & cosi per lettere della mano principale duplicandole, e triplicandole, ò quanto si vuole, & per li tasti bianchi procedendo: percioche li neri sono li accidentali, che stanno accidētalmente fra bianchi interposti.

ESSEMPIO DELL'ACCORDAdatura de Monacordi & Organi.

VNiti adunque di dui F fa ut· della mano principale in ottaua, percioche la nostra participatione sarà da C fa ut: al bb: fa bb mi secondo, per il che non serà nominato il primo

co'l

co'l ſecondo, poi con queſto s'vniſce la ſua ottaua nel graue, cioe, C fa ut, col quale ſi accorda g ſol re ut primo in quinto, ò pur in quarta con C ſol fa ut: co'l qual g ſol re ut: primo ſi vniſce l'ottaua in acuto che è, g ſol re ut, ſecondo, & ſaranno accordati queſti taſti.

C. F. G. c. f. gg.

Fra i quali due gg. participa d. la. ſol. re, per quinta co'l graue, & per quarta con l'acuto, co'l qual d. la. ſol. re l'vniſce la ſua ottaua nel baſſo cioe. D. ſol. re. fra quali due Dd. A. la mi. re. primo va participato in quinta con D. ſol. re. & in quarta con. d. la. ſol. re. ò veramente in terza maggiore con F. fa. vt. primo, ò pur con la minore, che è C. ſol. fa. vt. non partẽdoſi dalle ſopradette regole, il qual. A. la. mi. re. primo va vnito in ottaua co'l ſecondo nell'acuto procedendo, i quai taſti, ſi rappreſentano con queſte lettere.

C. D. F. G. a. c. d. f. gg. aa.

Tra i quali due a. aa. ſi participa co'l mezo della quinta & della quarta. e. la. mi. ſecondo, con quali s'vniſce E la. mi. primo in ottaua: ma con queſti ſi participa, cioe il mi. di b. fa. b. mi. primo attaſtandolo però con le ſue terze, che ſono g. ſol. re. vt. & d. la. ſol. re. ò pur con la quarta in acuto che è e. la. mi. ſecondo accordando co'l detto mi, la ſua ottaua. nell'acuto che è il mi. di b. fa. ♮. mi. ſecondo: ſi che s'haurà participato tutti queſti taſti bianchi.

C. D. E. F. G. a. b. c. d. e. f. gg. aa. ♮♮.

Ora dal mi. di b. fa ♮. mi primo ſi paſſa al ſemituono taſto nero, che è fra f. fa. vt & g. ſol. re. vt, ſecondi, & ſi tira in quinta co'l detto mi. & in quarta con quel diſopra, guſtandolo tutta via con le ſue terze, che ſono d. la. ſol. re. & a la. mi. re. ſecondo col qual taſto negro s'accorda la ſua ottaua nel graue, che è il taſto negro che ci ſarà fra F. fa. vt. & g. ſol. re. vt. primo, in queſto modo.

C.D.

S. S.
C. D. E. F g. a. ♮ : c. d. e. f. gg. aa. bb.

Ma con questi due participa in quinta ò due quarta quel tasto negro che è fra c, sol. fa. vt. & d. la. sol. re. toccando nondimeno con le sue terze, che sono A. la. mi. re. primo, & e. la. mi. secondo, co'l qual tasto nero va vnita la sua ottaua nel graue, la qual è pur quel tasto nero che è fra c. fa. vt. & d. la. sol. re. cosi.

S. S. S. S.
C. D. E. F. g. a. ♮ . c. d. e. f. gg. aa. ♮ ♮ .

Con questa ottaua in quinta & in quarta s'accorda quel tasto nero che è fra. g. sol. re. vt. & a. la. mi. re. primi vnendolo similmente con le sue terze, che sono e. la. mi, & il mi di b. fa. ♮ . mi. primi co'l qual tasto va vnita la sua ottaua nello acuto, la qual è quel tasto nero, che è fra g. sol. re. vt. & a. la. mi. re. secondi, la qual ottaua manca della sua quinta intramezata: per la qual cosa l'ordine di ♮ . quadro è finito, & per la maggior parte quello di b. molle: perciò che la maggior parte de i tasti accordati cosi bianchi come neri co'l b. molle accomodati vanno ma queste sono le lettere che dimostrano li tasti accordati.

S. S. S. S. S. S.
C. D. E. F. g. a. ♮ . c. d. e. f. gg. aa. ♮ ♮ .

Fatto questo si ritorna al secondo f. fa. v t. della mano principale, & con questo participa in quinta in alto tirandola il tasto nero, che è fra a. la. mi. re. & il mi. di b. fa. ♮ . mi. primi, il quale è il proprio. b. fa. di b. molle. ora attastandolo con d. la sol. re. & col detto f. fa. vt. & quando con g. sol. re. vt. primo, & D. la. sol. re. terze del detto Tasto nero non rifiutando la sua quarta, che è f. fa. vt. secondo.

Ne gl'instromenti quantunque primo sia della mano principale con questo cosi participato s'vnisce la sua ottaua in acuto, cioe in tasto nero che è frà A. la. mi. re. & il tasto bianco di b. fa ♮ . mi. secondi, il qual medesimament'è tasto di b. molle come per li b. rotondi signati con l S. in questo modo si vede.

N C.D.

S. S. S. S. S. S. S.
C. D. E. F. G. a. b. ♮. c. d. e. f. gg. aa. bb. ♮ ♮.

Ma di nuouo con queſto vltimo taſto participa in quinta quel taſto nero che è fra d. la. ſol. re. & c. la. mi. ſecondo, co'l qual ſi vniſce la ſua ottaua nel graue. la qual è fra d. la. ſol. re. & c. la. mi. primi, ſemituono & compagno di b. molle, come dimoſtra la ſeguente figura.

S S. S. S. S. S. S. S. S. S.
C. D. E. F. g. a. b. ♮. c. d. e. f. gg. aa bb. ♭ ♮.

Et in queſto modo s'hauerà dato fine alla participatione di tutto l'inſtromento: per la qual coſa, ſe con i ſopra poſti taſti participati, i quai ſono da C. fa. vt. per fin'al mi di bb. fa. ♮ ♮. mi rinchiu ſi s'haurà in ottaua tutti gl'altri ò bianchi ò neri, ò graui ò acuti, & ſenza dubio tutto l'inſtromento accordato ſi vdirà. faremo qui punto per trattare dell'Aritmetica.

ARITMETICA

DELL'ARITMETICA.

OSCIA che al bisogno dell'huomo, al qual sol dalla natura fù concesso il poter discorrere numerando, è necessario di sapere le regole di poter vsare simil discorso; meritamente perciò fù instituita quest'arte Aritmetica, la quale è detta d'Aritmos greco, che vuol dire numero, & è questa Aritmetica l'arte di numerare.

Il numero poi è vna moltitudine aggregata delle cose, che si numera.

Il numerare è l'esprimere quella quantità che si vuole.

In quest'arte sono formate dieci lettere, ò vero caratteri, li quali sono, come qui si vede.

1 2 3 4 5 6 7 8 9 0.

Delli quali la prima denota vno, che non è numero, ma principio di numero; la seconda due, la terza tre, la quarta quattro, la quinta cinque, la sesta sei, la settima sette, la ottaua otto, la nona noue, la decima nulla: la qual nulla accõpagnata con le predette lettere dimostrarà, come si dirà nella seguẽte figura. I numeri sono, ò semplici, ò composti.

I semplici sono come le predette dieci figure.

Il composto è quando il zero è accompagnato con 1o. che significa dieci, accompagnato con 11. denota vndeci. 12. dodeci, 13. tredeci, 14. quatordeci, 15. quindeci, 16. sedeci, 17. dicesette, 18. diceeotto 19. dicenoue, 20. vinti.

Il tre poi accompagnato co'l zero, dice, trenta. il quattro, quaranta. il quinto cinquanta, & come nella sequente figura si dimostra.

ESSEM-

ESSEMPIO
di tutti li Numeri.

1 2 3 4 5 6 7 8 9 0 0 0 0 0 0 0 0 0 0 0 0 0 0 0 0 0 0 0 0 0 0 0 0

Decina ——— 1 2 3 4 5 6 7 8 9 0 0 0 0 0 0 0 0 0 0 0 0 0 0

Centenara ——— 1 2 3 4 5 6 7 8 9 0 0 0 0 0 0 0 0 0 0 0 0 0

Numero de migliara 1 2 3 4 5 6 7 8 9 0 0 0 0 0 0 0 0 0 0 0 0.

Decina de migliara —— 1 2 3 4 5 6 7 8 9 0 0 0 0 0 0 0 0 0 0 0

Centenara de migliara —— 1 2 3 4 5 6 7 8 9 0 0 0 0 0 0 0 0 0 0

Numero de milioni ——— 1 2 3 4 5 6 7 8 9 0 0 0 0 0 0 0 0 0..

Decina de milioni ——— 1 2 3 4 5 6 7 8 9 0 0 0 0 0 0 0 0

Centenara de milioni ——— 1 2 3 4 5 6 7 8 9 0 0 0 0 0 0 0

Numero de migliara de milioni ——— 1 2 3 4 5 6 7 8 9 0 0 0 0 0 0...

Decina de migliara de milioni ——— 1 2 3 4 5 6 7 8 9 0 0 0 0 0

Centenara de migliara de milioni ——— 1 2 3 4 5 6 7 8 9 0 0 0 0

Numero de migliara de milioni ——— 1 2 3 4 5 6 7 8 9 0 0 0....

Decina de milioni di milioni ——— 1 2 3 4 5 6 7 8 9 0 0

Centenara de milioni di milioni ——— 1 2 3 4 5 6 7 8 9 0

Numero de migliara de milioni di milioni ——— 1 2 3 4 5 6 7 8 9.....

Decina de migliara de milioni di milioni ——— 1 2 3 4 5 6 7 8

Centenara de migliara de milioni di milioni ——— 1 2 3 4 5 6 7

Numero de milioni de milioni di milioni ——— 1 2 3 4 5 6......

DECHIA.

DICHIARATIONE della detta figura.

SI puo per la precedēte figura intēdere tutto l'atto nel numerare, poſcia che la prima figura verſo la man dritta ſignifica la vnità, ò vero numero.

La ſeconda figura ſignifica numero di decina.

La terza ſignifica centinara.

La quarta migliara: e però, come ſi vede ſotto eſſa quarta figura, vi è vn punto che denota quello eſſer il luogo di migliaro.

La quinta adunque ſarà decina di migliara.

La ſeſta centenara di migliara.

La ſettima migliara de migliara. ma perche el ſi intendi mille migliara vn milione, però in luogo di migliara di migliara, ſi dirà miljoni: ſotto qual numero vi ſono due punti, che denotano quelle eſſer figure de milioni, & ſi come prima ſi cominciò dalla figura di migliara à dir numero di migliara; coſi s'incominciarà dalla figura à dir numero di milioni.

L'ottaua ſi dirà decina de milioni.

La nona centenara de milioni.

La decima migliara de milion, ſotto la qual di nuouo ſi dirà numero de migliara de milioni.

L'vndecima ſarà decina de migliara de milioni.

La duodecima centenara de migliara de milioni.

La terza decima milioni de milioni, ſotto la quale ſon quattro punti.

La quarta decima decina de milioni di milioni.

La quinta decima centenara de milioni di milioni.

La ſeſta decima migliara de milioni di milioni, ſotto la qual figura vi ſono cinque punti, ſopra la qual figura ſi incominciarà dir numero de migliara di milioni.

La decima ſettima figura ſarà decina de migliara di milioni di milioni.

La de-

La decima ottaua cẽtenara di migliara de milioni di milioni, ſotto la qual ſono ſei pũti. & coſi ſi potrà formare anco numero maggiore.

Et doue li punti ſono diſpari, s'intẽde per migliaro; & quelli che ſono pari s'intendono per milioni, tollendoli però ſempre à due à due tante volte, ſi dirà milioni; & queſto è quello, che dimoſtra la precedente figura.

Si che doue è vn punto, ſi dirà migliaro.

Doue ſono due punti, ſi dirà milione.

Doue ſono tre punti, ſi dirà migliaro di milione: perche oltra i due punti, che ſignificano milione, ne auanza vno, che ſignifica migliaro di milione.

Doue ſono quattro punti, ſi dice milione de milioni, perche quattro punti dimoſtrano douerſi nominar due volte milione.

Doue ſono cinque punti, ſi dice migliaro de milioni di milioni perche il punto diſpari denota il migliaro: & doue ſono ſei punti, ſi dice milioni de milione di milioni, i quali ſei punti denotano douerſi nominare tre volte milione.

MODO DI LEVARE LE predette figure con ſuoi numeri.

LA prima figura denota dieci.

La ſeconda, cento e vinti.

La terza, mille ducento, e trenta.

La quarta, dodici mila ducento e quaranta.

La quinta, cento e vinti tre mila quattro cento cinquanta.

La ſeſta, vn milione, e doi mila trecento quaranta cinque mila e ſeſſanta.

La ſettima, dodici milioni tre mila quattro cento cinquanta ſei mila e ſeſſanta.

L'ottaua, cento milioni, e vinti tre migliara de milioni, e quattro mila cinque cento ſeſſanta ſette mila e ottanta.

La nona, mille milioni, e ducento trenta quattro milioni, e cine cinque mila sei cento settanta otto mila e nouanta.

La decima, dodeci milioni di milioni e trecento e quaranta cinque milioni e seicento settant'otto mila e noue cento.

La vndecima, cento e vinti tre migliara di milioni de milioni e quattro cento cinquanta sei milioni e settecento e ottanta noue mila.

La duodecima, mille milioni de milioni, e ducento trenta quattro milioni de milioni, e cinquecẽto sessanta sette milioni e otto cento nouanta mila.

La decima terza, dodeci mila migliara di milioni e sei cento settant'otto mila milioni e nouanta mila.

La decima quarta, cẽto vinti tre migliara de milioni di milioni, e quattro mila cinque cento sessanta sette milioni di milioni e ottanta noue milioni.

La decima quinta, mille ducento trenta quattro migliara de milioni di milioni, e cinque mila sei cento settant'otto milioni di milioni, e noue cento milgiara di milioni.

La sesta decima, dodeci migliara de milioni de milioni e tre mila e quattro cento cinquanta sette milioni di milioni, e ottanta noue migliara di milioni.

La decima settima cento vinti tre migliara de milioni di milioni e quattro mila cinque cento sessanta sette migliara de milioni e ottanta noue mila milioni.

La decima ottaua, mille ducento trenta quattro milioni di milioni di milioni e cinque mille sei cento sessant'otto milioni di milioni, e noue cento mila milioni.

Si che saluo sempre ogni errore si potrà hauer leuata la predetta figura, acciò venendo all'Astrologia, in che fa bisogno misurar le sfere & stelle, ciascuno sappi leuar li detti numeri contenuti nella misura delle sfere; & di stella in stella.

DEL

DEL MVLTIPLICARE.

IL moltiplicare sarà adunque vn numero, del qual multiplicato in se resulti vn'altro numero, del qual tãte parti si possi fare quante vnità contiene il moltiplicato, ò uero due numeri, quali moltiplicati l'vno per l'altro resulti vn terzo numero, nel qual tante volte entri vno delli moltiplicati, quante vnità contiene l'altro. Essempio del tre dicendo, 3 via 3. fa 9.

ESSEMPIO PER MVLTIPLICARE.

1 via 1 fa 2	6 via 6 fa 36
2 via 2 fa 4	7 via 7 fa 49
3 via 3 fa 9	8 via 8 fa 64
4 via 4 fa 16	9 via 9 fa 81
5 via 5 fa 25	10 via 10 fa 100.

Ma perche di quest' ordine di multiplicare ciascuno possi farsene possessore; è noto al mondo li libretti, che in tal proposito sono alle stampe, & che si vendono à pochissimo prezzo per instruttione de figliuoli: però non m'estenderò in ciò più à lungo, essendo sicuro, che chiunche desidera possedere quest'arte, n'hauerà vno appresso di se, & l'hauerà mandato a memoria, per esser molto necessario in tal proposito. Ma tralasciando questo, sarà bene venir alle regole delle proue.

DELLA PROVA DEL SETTE.

E Necessario anco mãdar à memoria questa proua del sette, che si fa in questa maniera.

Ogni volta che entra il sette nel numero di che si vuole far la proua, come per essempio.

Di 7. è nulla.	Di 21. è nulla.
Di 14. è nulla.	Di 28. è nulla.

Di 35. è nulla	Di 56. è nulla.
Di 42. è nulla.	Di 63. è nulla.
Di 49. è nulla.	Di 70. è nulla.

DI modo, che volendo far questa proua, sarà bene tener tutti li numeri, che saranno fuori del numero settenario, come di 13. terrò 6. perche il 7. è superato da sei, & cosi di mano in mano fin à 70. & da settanta in sù, procederò in questo modo.

Poniamo, che si vogli saper la proua del 80. che è vno del 8. il qual vno posto appresso l'altra figura del 80. che il zero dirà dieci, piglierò poi la proua del dieci, che è tre, e dirò che la proua del 80. sarà tre.

Ma se vorrò far la proua del 345. piglierò similmente la prima figura, che è tre, & la sua proua, che è tre, & pigliarò la seconda figura, che è il 4. si che il 3. con il 4. farà 34. la cui proua sarà 6. il qual 6. posto con l'altra figura che segue, che sarà il 5. mostrerà 65. la cui proua è 2. Adunque dirò, che la proua 345. sono 2. & cosi si potrà sapere la proua d'ogni numero.

Quello modo, che si deue hauere per memoria sarà l'essempio predetto.

DELLA PROVA DEL 9.

IL simile s'osseruarà nel far la proua del noue, cioe, di 9. è nulla.

Ma per essempio s'io vorrò far la detta proua sopra il numero 345. piglierò la prima figura, che è il 3. & poi la seconda, che è il 4. & dirò 3. e 4. fa 7. Poi piglierò la terza, che è il 5. & dirò 7. e 5. fa 12. delli quali 12. tratto il noue, che è la 9. e adunque restarà 3. & la proua di 345. sarà 3.

Similmente s'io vorrò la proua di 567. piglierò la prima figura, che è 5. & poi la seconda, che è il 6. fa 11. del qual numero 11. detrarrò il 9. della proua, & restarà il 2. poi aggiungeremo à questo la terza figura, che è il 7. è dirò 7. e 2. fa 9. di noue nulla o.adunque la proua del 9.sarà nulla & di 567.& con questi essempij,& lume si potrà saper la proua d'ogni numero.

DELLE REGOLE PER *moltiplicare.*

TRe sono li modi di moltiplicare, cioe, Per colonna. Per Crocetta & per Scacchiero.

Il moltiplicare per colonna è quando si ha piu figure à moltiplicare, come di sopra habbiamo detto nell'essempio.

Il moltiplicare per Crocetta è quando si ha da moltiplicare due figure per due altre, ò vero tre figure per tre altre, ò vero piu figure, pur che li numeri da esser moltiplicati l'vno per l'altro fussero eguali di figure.

Il moltiplicar per Scacchiero si fa quando si ha da moltiplicare due figure per tre altre figure, ò vero quattro ò più.

Essempio per il moltiplicare per colonna.

Per Colonna si moltiplica così.

S'io vorrò saper che facci 4.via 25.dirò Cento.

Et nel moltiplicar io incominciarò sempre dalle vnità: perche se la moltiplicatione passasse la decina si lassa la decina, & si salua da poner con le altre, & si tolle quel che gli soprauanza. Essēpio s'io dirò. 3. via 5.fa 15.questo. 15.passa la decina, è però ponerò il 5.e terrò la decina, e poi dirò 2.via 3.fa 6.che saran le decine. & vna che tenni che san 7 tal che ponendo il 7.appresso il 5.faran 75.adunque dirò 3.via 25.fa ——————— 75.

Ma s'io vorrò moltiplicar 7. via 54.sarà bisogno ch'io ponga in figura il numero, che vorrò moltiplicare, & cominciando dall'vnità che è il 4.via 7. fa 28.& perche 28.hà due decine, dirò 8.& terrò le due decine, & poi moltiplicarò le decine, & dirò 5.via 7.fa 35.& due c'ho di decine fa 37.talmente che sarà 378.adunque dirò che 7.via 54.fa 378.

Et s'io vorrò moltiplicar. 9. via 795. ponerò li suoi numeri in forma così.

Et dirò 5.via.9.fa 45.che è quattro decine, e cinque porrò giù il 5.

il 5.& terrò le quattro decine,'poi alle decine dirò. 9.via 9.fa 81.& quattro che tenni delle decine fa 85.che è 8.centenara,e cinque decine,e ponerò le decine à suo luogo,e verrò alli centenara,& dirò 7.via 9.63.talche sommando il tutto,sarà la figura predetta.

8945
8
71560

Ma s'io vorrò moltiplicar 8942.per 8.farò la figura.

Et dirò 5.via 8.fa 40.& per esser decine giuste, dirò o.& poi terrò quattro decine nella mente, poi dirò con la seconda figura che è il 4. 4.via 8.fa 32.& quattro delle decine che fan 36.& porrò 6.e terrò le cẽtinara che sono tre,e ponerò le 6.decine. poi verrò alla terza figura,che è il 9.& dirò 8.via 9.fa 72.& tre delle centinara che ho tenuto fa 75.si che ponerò il 5. e terrò il 7.che sarà sette migliara e 5.poi venendo per le migliara dirò 8.via 8.fa 64.e sette,che si tiene, fanno 71.talche ponendo 71.giuso,si fara la predetta figura.

DEL MOLTIPLICARE PER Colonna.

345
12
4140

S'Io vorrò moltiplicar ꝑ colõna ꝑ due figure,ꝓcederò così. Volẽdo io moltiplicar 345.ꝑ 12.farò la mia figura in forma. E incominciarò dalle vnità,dicẽdo 5.via 12.fa 60.e porrò giu o.& terrò 6.decine:poi verrò alla secõda figura,che è 4.e dirò 4. via 12.48.e sei c'ha tenuto,che fa 54.che sono cinque cẽtinara e quattro decine,quali 4.porrò giu & terrò le cinque cẽtinara:poi alla terza figura che è il 3.dirò 3.via 12.fa 36.e 5.che ho tenuto fa 41.che farà la somma della figura p̃detta.

3456
20
69120

Ma s'io vorrò moltiplicar. 3456.per 20.farò similmente la mia figura in forma. E dirò 6.via 20.fa 120.che sono 12.decine senza auanzo;e però dirò o terrò 12.Poi venendo alla seconda figura,che è 5.che dinota decine,io dirò 5.via 20.fa 100.e 12.c'ho tenuto fa 112.che sono vndici centinara,& due decine:si che porrò giù due,e terrò le 11.centinara:poi pigliarò la terza figura, che è il 4.e dirò 4.via 20.fa 80.e 11.ch'io ho tenuto fa 91.si che porrò giu 1.e terrò 9.poi verrò alla quarta figura,che è 3.e dirò 3.via 20.fa 60.

e 9.

e 9.che ho tenuto fa 69.ſi che ponendo giu 69. ſi farà la predet ta figura. Ma s'io vorrò moltiplicar per colonna 3456.per 20. farò la figura ſudetta, e dirò 20. ſono due decine, e dirò 2.& con queſto 2.farò la moltiplicatione in modo di decine, e dirò 2.via 6. fa 12. ſi che porrò giu 2.e terrò la decina, e dirò con la ſeconda figura che è il 5.2.via 5.fa 10.& vno che tenni fa 11. e porrò giu 1. e dirò 2. via 4.fa 8. & vn tẽni che fa 9. e porrò giu il 9.poi venendo all'vltima figura, dirò 2. via 3.fa 6.e porrò giu 6. talche ſommarà come nella predetta figura. 69120. Et s'io vorrò moltiplicar 3456. per 36. E dirò 6. via 36. fanno 216.che ſono 21.decina & 6.che porrò giu il 6. e terrò 21.poi verrò alla ſeconda figura, che è il 5.& dirò 5.via 36.fanno 180. e 21.che tenni fanno 201. che ſono 20. centinara & vna decina, e porrò la decina à ſuo luogo, e terrò 20.centinara: poi ver rò alle terza figura, che è 4.e dirò 4.via 36.fanno 144.& 20.che tenni fanno 164. che ſono 16. migliara, e quattro centinara, e porrò giu il 4.centinara, e terrò il 16. migliara: poi verrò alla quarta figura, che è 3. e dirò 3. via 36.fa 108. e 16. che tenni fa 124.quali porrò a ſuo luogo, tal che ſarà la ſomma come nel la predetta figura.

3456
20
69120

3456
36
124416

DEL MOLTIPLICARE PER Crocetta.

S'Io vorrò moltiplicar per Crocetta farò la mia figura, & incominciando dalla vnità dirò 3. via 6. fa 18. & porrò giu 8. & terrò vna decina. Poi moltiplicarò in Crocetta le decine, e dirò 2.via 6 fa 12.Poi diro 3. via 5. fa 15. i quali aggiunti con li 12.fan 27.& vno che tenni fa 28. che ſono due centinara & 8. decine, & porrò le decine a ſuo luogo, & terrò due centinara. Poi moltiplicar le centinara in Crocetta; e dirò 1.via 6.fa 6. poi 3.via 4.fa 12.quali aggiunti con il 6. fanno 18.& poi molti plicando decine inſieme, dirò 2.via 5.fa 10. e 18.predetti fa 28. e due che prima tenni fan 30. che fan 3. migliara ſenza alcun centinara.porrò giu o.e terrò 3. poi moltiplicarò le centinara in le

456
123
56088

in le decine in Croce, e dirò 1.via 5. fa 5. poi 2. via 4. fa 8. qual gionto co'l cinque fa 13. e tre che prima tenni fan 16. che sono vna decina di migliara & sei migliara, e porrò 6. e terrò 1. Poi moltiplicarò le centinara insieme, e dirò 1. via 4. fa 4. & vna tenni fa 5. il qual porrò giu sotto la figura, talche saranno 56088. Ma s'io vorrò moltiplicar 3987. in 4.4852. per modo di Crocetta, farò la figura. E dirò incominciando dalle vnità 2. via 7. fa 14. che sono vna decina & quattro vnità, & porrò giu 4. & terrò 1. poi moltiplicarò in Crocetta le decine in l'vnità, e dirò 2. via 8. fa 16. poi 5. via 7. fa 35. aggiungendoli 16. fa 51. & vno che tenni fa 52. che sono 5. centinara e 2. decine, quali porrò giu 2. e terrò 5. che sono le centinara: poi moltiplicarò in Crocetta le centinara in le vnità, e dirò 2. via 9. fa 18. Poi 7. via 8. fa 56. aggiongeli 18. farà 74. poi moltiplicarò le decine vna in l'altra, & dirò 5. via 8. fa 40. gionti con li 74. fa 114. & 5. che prima tenni fan 119. che sono 11. migliara & 9. centinara, & porrò le centinara à suo luogo, e dirò 9. e terrò 11. Poi moltiplicando le migliara con l'vnità in crocette, e dirò 2. via 3. fa 6. poi 4. via 7. fan 28. gionti co'l 6. fan 34. poi moltiplicarò le centinara in le decine, e dirò 5. via 9. fa 45. poi 8. via 8. fa 64. giõti cõ il 45. fa 109. quali con il 34. predetti fa 143. & 11. che prima tẽni fa 154. che sono 15. decine di migliara, & 4. migliara, quali porrò à suo luogo 4. e terrò li 15. predetti poi moltiplicarò li migliara in le decine, e dirò 3. via 5. fanno 15. Poi 4. via 8. fa 32. gionti con li 15. fa 47. poi moltiplicarò le centinara vno in l'altro, e dirò 8. via 9. fa 72. gionto con il 47. fa 119. e 15. che prima tenni, fa 134. che sono 13. centinara di migliara, & 4. decine di migliara, de' quali porrò giu 4. e terrò 13. poi dirò moltiplicando le migliara in centinara, e dirò 3. via 8. fa 24. poi 4. via 9. fanno 36. gionti con 14. fanno 60. gionti 13. che tenni faranno 73. che farà 7. migliara, & tre centinara di migliara. Et porrò à suo luogo li 3. centinara predetti e terrò 7. Poi moltiplicarò le migliara l'vn in l'altro, e dirò 3. via 4. fa 12. e 7. che tenni fa 19. & così hauerà 19344924 che tanto fanno à moltiplicare come s'è detto nella predetta figura.

3987
4852
9344924

DEL

DEL MOLTIPLICARE PER Scacchiero.

S'Io vorro sapere che fa 23. via 456. farò la figura co'l numero maggior di sopra & minor di sotto, poi moltiplicarò il numero della vnità di sopra cõ qlle di sotto, cosi 3. via 6. 18 che fa vna decina e 8. de quali porrò giu 8. & terrò 1. prẽderò 3. via 5. fa 15. & 1. che tenni fa 16. che sono vn centinaro, e sei decine e porrò à suo luogo le decine, e dirò 6. e terrò 1. poi dirò 3. via 4. fa 12. & vn che tenni fanno 13. & porrò sotto il 16. & hauerò formata la moltiplicatione della prima figura di sotto: poi moltiplicarò il numero di sopra per decine del numero di sotto, e dirò 2. via 6. fa 12. che è vn centinaro e due decine: perche si fa la moltiplicatione di decine: e però io porrò giu le decine sotto il 6. che tien luogo di decina, e dirò 2. e tengo 1. poi dirò 2. via 5. fa 10. & vn che tẽni fa 11. che sono vn migliaro, & sotto il 3. che tiẽ luogo di cẽtinaro vno cẽtinaro, e porrò il cẽtinaro, e dirò 1. e tẽgo 1. e poi dirò 2. via 4. fa 8. & vno che tenni fa 9. e porrò giu 9. Resta mò sõmar q̃ste due moltiplicationi, e dirò 8. e porrò giu 8. in luogo delle decine: poi dirò 6. e 2. fa 8. e diro 3. e 1. fa 4. e porrò giu 4. in luogo di cẽtinara: poi dirò 1. con 9. fa 10. e porrò giu 10. & sõmarãno 10488. cõe nella p̃detta figura.

456
23
1368
912
10488

DEL PARTIRE.

NEl partir sono due numeri, vno è il partitore, l'altro è il partito: da i quali partendo l'vno in l'altro dee nascere vn terzo numero, il qual tante volte deue intrare nel numero partito, quante vnità contiene il partitore.

ESSEMPIO.

PIglio due numeri pari 2. e 2. quali volendogli partire, dirò che il primo 2. è il numero che uoglio partire, & l'altro

2. fa-

2. sarà il partitore, & partendo sarà vno per parte: adunque il partitore contiene in se due vnità. Si partisce in due modi per colona, e per batello. Il partir per colona è quando si ha partitor, che à mente si possi moltiplicare. Partir per batello poi è quando si ha partitore che à mente si possi moltiplicare, cioe, per la gran difficultà. Ma s'io hauerò più nulle nel partire, osseruarò cosi, incominciando dalle vnità, seguẽdo alle decine, & lassarò del numero di partire tante figure quante nulle s'haueranno nel partitore, & partirò il resto delle figure da partire per il numero delle figure del partitore.

COME SI PARTISCA per Colonna.

23456
11728

FArò prima il numero per colonna in questa forma. Se io vorrò partire questo numero per 2. & incominciarò dalla figura prima che è 2. & vedrò quante volte possi cadere nel partitore, & caderà solo vna volta: perche tanto è il partitore quanto il partito: e però ponerò giù 1. poi nella seguente che è 3. guarderò quante volte il partitore, & vederò che cade vna volta & auãza vno: e però, sotto il 3. porrò giù 1. poi quel vno che auanza appresso il 4. dirò 14. adunque vedrò quante volte puo cader il partitore in 14. & caderà 7. volte. & porrò sotto, poi verrò al 5. e vedrò quãte volte in esso caschi il partitore, & cade 2. & auanza 1. & sotto il 5. porrò giu 2. & posto l'vno che auanza co'l 6. dirò 16. nel qual vedrò quante volte puo cadere il partitore, & cade 8. qual porrò giu, & poi volẽdo veder quanto sia per parte, vedrò ch'il numero predetto in due parti sarà per parte, come nella figura si vede.

23456
11728

56789
24
2366 $\frac{5}{24}$

Ma s'io vorrò partire 56789. per 24. farò la figura: e perche il partitor non puo cader in 5. torrò il 56. che son le due prime figure, e dirò ch'il partitor in esse cade due volte, & mi resta 8. per andar al 56. si che porrò giu, & aggiongendo quel 8. co'l sette che segue, che fanno 87. vedrò quante volte cade il partitore in questo numero, che cade 3. volte, & auanza 15. & porrò giu

3. sot-

3. sotto 7. Poi aggiongendo il 15. che m'auanza con l'8. che segue nella figura saran 158. nel qual il partitore cade 6. volte & auanza 14. adunque porrò giu il 6. sotto l'8. poi aggiongendo il 14. che m'auanza con il 9. che segue nella figura, farà 149. nel quale il partitore cade 6. volte, & auanza 5. adunque porrò 6. sotto il noue poi il 5. che auanza porrò di sopra della linea il partitore di sotto, come nella figura si vede: si che se ne vorrò saper il numero predetto in 24. parti toccherà per parte 2366. come nella predetta figura chiaro si vede.

Molti essempij potrei dare; ma come se ne ha vno ò due, basti, perche da se ogn'vno se ne potrà figurare. 5/23

Restaria trattar il modo di partire per battello: ma perche è troppo lungo modo, non mi pare per hora trattarne; ma chi di ciò curioso sarà, se ne transferisca al Borgo, dal quale haurà piena cognitione del tutto.

DEL SOMMARE.

LE regole del sommare sono queste. Se io vorrò sommare più numeri, sempre porrò i più maggior numeri di sopra, & li minori di sotto, & questo perche fa più bel vedere nel contista. Se io vorrò sommare incominciarò sempre dalle vnità, quali se passeranno le decine le torrò, & se le decine toccaranno centinara, le torrò, & il simile delle centinara & migliara. Se io vorrò sommare due numeri per essempio, e dirò fatta la figura delli due numeri, come si vede 6. & 4. fan 10. che è vna decina, & porrò giù 0. e tengo 1. e poi dirò 2. e 2. fan 4. e un che tẽni fan 5. & porrò giù 5. come si vede nella figura. Se io vorrò sommare somma maggiore farò la figura regolãdo li numeri, ch'io haurò da sommare, e dirò sempre incominciando dalle vnità, e dirò sommando 5. e 7. fan 12. che è vna decina, & 2. porrò giù, & terrò la decina, poi dirò 6. & 8. fan 14. & vno che tenni fan 15. porrò giù 5. e terrò vno, poi dirò 9. e un che tenni fan 10. & porrò giù 0. & 1. si che sommando si farà la figura predetta. Et con queste regole si sommarà qual si uoglia somma maggiore.

```
 26
 24
----
 50

 587
  65
----
 652
```

DEL SOTTRARRE.

IL ſottrarre è vn voler ſapere la differenza d'alcun numero ad vn altro, nel qual atto ſon neceſſarij due numeri, come 3. e 5. delli quali ſi traherà il minor ſempre dal maggiore, e dirò 3. di 5. reſta 2. adunque la differenza di 3. à 5. ſono 2. come nella predetta figura ſi vede, e ſempre ch'io vorrò ſottrarre incominciarò dalle vnità, poi ſeguirò alle decine & centenara, come nell'infraſcritto eſſempio. Se io vorrò ſottrarre 123. di 456. prima porrò il maggior numero di ſopra come ſi vede, poi incominciando dalle vnità dirò 3. di 6. reſta 3. e porrò ſotto 3. e poi venendo alle decine dirò 2. di 5. reſta 3. e porrò giù 3. poi venendo alle centenara dirò 1. di 4. reſta 3. e porrò giù 3. ſi che hauerò 333. che tanta è la differẽza da 123. a 456. Ma ſe vorrò ſottrarre 2978. di 6354. farò la figura, come ſi vede in forma al ſolito col numero maggiore di ſopra, & incominciarò dalle vnità, & dirò, che non ſi può trarre di 4. per eſſer maggiore: però in tal caſo preſtarò al 4. vna decina, & haurò 14. & trarrò 8. di 14. reſtarà 6. qual porrò di ſotto alla figura nel luogo delle unità: poi quella figura, c'ho preſtato al 4. la reſtituirò alle decine, e dirò 7. & vno, che le rendo ſon 8. & perche queſto 8. non ſi può trarre dal 5. però al 5. preſterò vn centenaro, che ſon 10. decine nella figura, poi quel centenaro, che ho preſtato al 5. el renderò alle centenara, e dirò 9. e vno che li rendo ſan 10. & perche queſto 10. non ſi può trarre di 3. però al 3. preſtarò vn migliaro, che ſono 10. centenara, ſi che trarrò 10. di 13. reſtarà 3. quali porrò a ſuo luogo nella figura, poi quel migliaro che ho preſtato, lo reſtituirò alle migliara, e dirò 2. e 1. che gli rendo ſan 3. el qual tratto dal 6. che di ſopra reſterà 3. qual porrò a ſuo luogo nella figura nel luogo del migliaro, & haurò 3376. che tanto è la differenza da 2978. a 6354. come nella detta figura ſi vede.

```
   5
   3
 ---
   2

 456
 123
 ---
 333

6354
2978
----
3376
```

GEOMETRIA

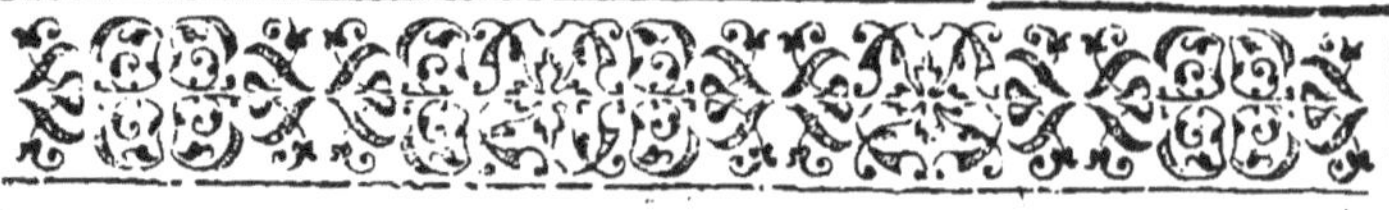

DELLA GEOMETRIA.

E la Geometria è di tanta importanza, che Platone fece vn editto nella ſua ſcuola, che alcuno non vi doueſſe intrare, che non fuſſe capace di eſſa; meritamente hora ſarà bene hauer ragioneuole diſcorſo ſopra cio, poſcia, che co'l mezo di queſta coſi diletteuol'arte ci poſſiamo eleuare alla celeſte Aſtrologia. Però eſſendo in propoſito ragionarne, diremo che

La Geometria è vn'arte che miſura e cielo e terra. In queſta arte vi è la Teorica & la Prattica.

La Teorica ſta nel penſiero & mente.

La Prattica con eſperienza e miſura.

La miſura è vna longhezza finita, la quale ha la diſtanza de luoghi con l'eſperienza, che ſi vede.

Queſta miſura ſi diuide in diuerſe quãtità, le quali ſono queſte vſate da Geometri: Grano, Deto, Oncia, Palmo, Piede, Pie e mezo, Grado, Paſſo ſemplice, Paſſo doppio, Cubito, Pertica, Stadio, Leuca, Miglio Italiano, e Miglio Germanico.

Il Grano è la minor parte, che ſi faccia,

Il deto ha 4. grani.
L'oncia ha tre deti.
Il palmo ha 4. deti.
Il pie ha 4. palmi.
Il pie e mezo ha 6. palmi.
Il grado ha 2. piedi.

Il paſſo ſemplice ha 2. piedi e mezo.
Il paſſo doppio ha 5. piedi.
La pertica ha 10. piedi.
Il cubito ha ſei palmi.
Il ſtadio ha 125. paſſi.
L'euca ha 1500. paſſi.

Miglio Italiano ha 1000. paſſi, o uero 8. ſtadij: Miglio Germanico 4000. paſſi.

I latini

I Latini misurano con miglia, li Greci per stadij, Francesi, & Spagnoli per leuche.
Queste sono le figure, che seruono per essempij con le mani.

Se vorremo adunque saper la distanza di qualche luogo, sarà bene misurar la longhezza & larghezza de luoghi, li quali sono differenti per sola longhezza, & altri per larghezza.

Et Platone amator di quest'arte in particolare diceua, che questa arte dimostraua la verità, & preparaua gl'huomini alla filosofia; & essendo di questa fatto l'huomo esperto in gouernare la Republica, nelle cose militari, & fondar fortezze, & nell'occupar vn luogo, diuiderlo similmente nell'essercitar giustitia, per dar la proportione della pena al delinquente, è finalmente necessaria à tutti: perche acuisce gl'ingegni, & insegna la forma & numeri.

Il soggetto adunque di quest'arte è la Grãdezza & Quantità. Quali si diuidono con termini, & si distingueno con interualli. Gellio. lib. 16. c. 18. dice che gli Geometri fannole parti che sono con spatij & interualli, linee con ragion di numeri.

La grandezza è vna cosa estesa.

La cosa estesa ò che è per longo, ò per largo, ò per alto, ò per basso.

La longhezza è così ——————————

La larghezza & altezza & bassezza è vn corpo della grandezza della qual non vi è certezza, come vna Naue. La linea è vna longhezza senza larghezza. Il pũto è quello che non si può diuidere

uidere, il qual non è parte di grandezza, ma principio d'ogni grandezza.

La linea è di tre ſorti.

Retta

Curua

Mezana

Le linee ſono anco dette eguali, come due tirate inſieme

Et ſono dette linee pararelle.

Sono anco linee perpendicolari, e Diamatrali, che diuideno il cerchio, come nella sfera.

Da queſte linee ſi formano le figure quando ſono poſte in qualche corpo.

Queſte figure ſono alcune quadre,

Alcune ſono dritte,

Alcune ſono circulari, come

Alcune ſono angulari, come

Alcune rette linee, come

Alcune concaue, come

Alcune ſenza angulo.

Alcune ſenza longhezza, come vn globo, ò ver balla, O

Alcune Piramide.

Et ſi deue auuertire che neſſun canton è figura, ma principio di figura, e vna ſol linea fa angulo. Ma chi diffuſamente di ciò impatronir ſi vuole, legga Euclide, che troppo longo ſaria s'io voleſſi il tutto quì trattare, & non ſeruaria la promeſſa breuità. Dice Ariſt. 3. Metafi: C.5. che il corpo ha larghezza e profondità.

Il corpo ò che è finito, ò infinito.

Il Corpo finito è quello che è in eſſer con tutte le ſue parti, come vna sfera, vna colonna, o vero piramide.

Il corpo infinito è quello, che ſtà nella mente, ma ſe pienamente di queſta materia ſe n'e vorrà veder il fondo, leggaſi Vitruuio lib. 3. 4. Nel corpo di qual ſi voglia ſorte ò grandezza vi ſono, punto, ſuperficie, longhezza, linea, interualli, larghezza,

pro-

profondità.

Da quest'arte nascono tre sorti di misure, Altimetica, che misura per altezza: Planimetria, che misura per longhezza, e larghezza: Sterometria, profondità, altezza, e larghezza. Gl'instromenti ch'in quest'arte s'adoprano, sono come appresso Vitruuio.lib.9 c.2. Squadro, Piombino, Astrolabio, Razo astronomico, Baston di Giacob, Pertica, & altri come da esso Vitruuio vien abondeuolmente trattato.

Se si vorrà adunque misurare vn luogo secondo Tolomeo, & saper la distanza, si farà cosi per essempio. Pigliaro la Città di Roma & presupposto per essempio ch'ella sia per longhezza gradi 29.min.58. & in larghezza gradi 51.min. 14. & Venetia sia di longhezza di gradi 30.min.o. & larghezza gradi 46.min, 6.queste Città par che siano vguali di longhezza, se ben gli soprauanza 2.minuti, che non cascano in consideratione: ma sono differenti in longhezza. Cerchiamo adunque la differenza della larghezza cauando la minore, & vedremo che ne restarà la differenza di detta larghezza di gradi 5. min.8.la qual moltiplicare bisogna per 60.miglia, che saranno 308.miglia Italiane lontano.

ALTRO ESSEMPIO.

Vienna Metropoli dell'Austria, è di longhezza gradi 35. min.8.in larghezza gradi 48.min.22.

Vlma Città nota è per longhezza di gradi 27.min. 30. & per larghezza gradi 48.min.22.

Sottrahendo dunque della maggior somma della lõghezza la minore, & trouerassi differenza di gradi 7.min.38.

Poi vado alla tauola seguente, che per piu breuità & facilità ho posto qui per saper far de gradi miglia, & pigliarò la larghezza di Vienna, che è di 48.gradi, & minuti 22.& andarò à ritrouar la seguente tauola gradi 48. che vi si mostrano miglia 10.min.2.talche la longhezza sarà differente d'vn sol grado. Poi pigliarò la larghezza d'Vlma ch'è parimente di gradi 48.& min.

min.22.& farò il ſimile nella ſeguente tauola,che moſtrerà miglia 10.min.2.& detrahendo dalle miglia 10.m.2. minuti 24. che ſi deueno detrarre,reſterà miglia 9.& min.58.Poi moltiplicarò gradi 7.& li gradi 58.predetti,che ſon in differenza di longhezza in 9.miglia & 58.minuti,ſàranno miglia Germane 76. min.4.& ſecondi 44.e tanta è la differen za delle predette Città da vn'all'altra per la via dritta.

TAVOLA CHE CONTIENE LI Gradi di longhezza ridutti in miglia.

Gradi di larg.	Miglia	Minuti	Gradi di larg.	Miglia	Minuti	Gradi di larg.	Miglia	Minuti	Gradi di larg.	Miglia	Minuti	Gradi di larg.	Miglia Germ.	Minuti
1.	14.	59.	19.	14.	11.	37.	11.	59.	55.	8.	36.	73.	4.	23.
2.	14.	59.	20.	14.	6.	38.	11.	49.	56.	8.	23.	74.	4.	8.
3.	14.	58.	21.	14.	0.	39.	11.	39.	57.	8.	10.	75.	3.	51.
4.	14.	58.	22.	13.	54.	40.	11.	29.	58.	7.	57.	76.	3.	38.
5.	14.	56.	23.	13.	48.	41.	11.	19.	59.	7.	43.	77.	3.	22.
6.	14.	55.	24.	13.	42.	42.	11.	9.	60.	7.	30.	78.	3.	7.
7.	14.	53.	25.	13.	36.	43.	10.	58.	61.	7.	16.	79.	2.	52.
8.	14.	51.	26.	13.	29.	44.	10.	47.	62.	7.	2.	80.	2.	36.
9.	14.	47.	27.	13.	22.	45.	10.	36.	63.	6	48.	81.	2.	VI.
10.	14.	46.	28.	13.	15.	46.	10.	25.	64.	6.	34.	82.	2.	5.
11.	14.	43.	29.	12.	7.	47.	10.	14.	65.	6.	20.	83.	1.	50.
12.	14.	40.	30.	12.	59.	48.	10.	2.	66.	6.	6.	84.	1.	34.
13.	14.	37.	31.	12.	52.	49.	9.	50.	67.	5.	52.	85.	1.	18.
14.	14.	33.	32.	12.	43.	50.	9.	38.	68.	5.	37.	86	1.	3.
15.	14.	29.	33.	12.	35.	51.	9.	27.	69.	5.	16.	87.	0.	47.
16.	14.	25.	34.	12.	26.	52.	9.	14.	70.	5.	8.	88.	0.	31.
17.	14.	21.	35.	12.	17.	53.	9.	2.	71.	4.	55.	89.	0.	10.
18.	14.	16.	36.	12.	8.	54.	8.	50.	72.	4.	8.	90.	0.	0.

ET perche la predetta Tauola & modo parerà forse difficile à quelli che sono di tal'arte nuoui; porremo vn'altro modo piu facile per saper la distäza di qualche luogo. Pigliasi vn globo Geografico, & si ritroua la larghezza, & sito di quel luogo che si vorrà dall'Equinottiale verso il polo nel meridiano mobile, la qual ritrouata a torno il globo si gira fin che questo grado Equinottiale, il quale hora tiene il grado di lõghezza, sia direttamente sotto questo meridiano mobile.

Poi farassi vn segno nel globo attorno il grado di larghezza, la qual dimostra il sito di quel luogo che si vorrà, & il simil facẽdo p qual si voglia altro luogo, che si voglia sapere la distãtia. Et questo modo sarà facile & breue. Poi estẽdesi il Cõpasso secondo la distanza de' luoghi, & si transporta il detto Compasso sopra l'Equatore: & quanti gradi fra il piede del Compasso conterassi, tanti saranno li gradi del cerchio fra li detti luoghi. Poi moltiplicarò per 480. & trouerò pronto quanti stadij ò vero moltiplicarò per 60, miglia Italiane, & trouerò la quantità della distanza de' luoghi che vorrò, come di sotto.

Ecco vn altro essempio più facile.

PIglio l'essempio di voler sapere la distanza, che è tra Essordia città, & Compostella città di Galicia. & prima piglia le longhezze dell'vna, e dell'altra, come Essordia è lõga gradi 28. m. 3. e larga gradi 51. m. 10. Cõpostella longa gradi 5. m. 8. larga gradi 44. miglia 13. li quali posti nel globo secondo il modo predetto ritrouerai appresso il piede del compasso grad. 17. m. 12. li quali se multiplicarai per 15. produrrãno miglia Germane 258. & tãto sarà la distanza fra le predette Città: & questo modo credo sarà più facile per li Gioueni, che sono desiderosi di quest'arte.

Io reputo certo esser necessario figurare lo instrumẽto necessario per sapere ogni distanza con quest'arte, acciò con più facilità si possi prouedere nel acquistare il modo di saper ogni distanza: il quale stromento è detto, Raggio Geometrico.

Per formar adũque questo Geometrico raggio, pigliarò vna

riga pulita, longa dui cubiti; ma meglio sarà quattro, & più cõmoda, ma che sia forte, acciò che non si pieghi, o sia di legno, o di metallo. Fatta questa riga ne farò vn altra, che sia per metà della prima, la quale secondo Vitruuio si chiama Trauersario; ma che sia leggiero, acciò non sia molesto per il peso. Fatte queste righe piane, & ben pulite, io di poi tirarò vna linea retta per mezo la longhezza delle predette righe da un capo all'altro: poi le partirò in dieci parti vguali: poi questa parte in altre dieci parti, & similmente l'altre in altre dieci, si che tutto il Trauersario si diuide in 2000. parti. Il simile farai sopra la prima linea tirata sopra il primo piano, & poi porrassi tante parti quante ne potrà capire: ma bisogna, che siano vguali alle parti fatte supra il trauersario. Si che diuido il Trauersario ĩ 2000. parti, bisogna estẽdere ꝑ il lõgo ꝑ modo di lõghezza da vn capo all'altro, & scritte queste parti sì nell'vna, come nell'altra riga, in modo che nõ si possono depẽnare: ꝑche questo serue à saper li gradi & le distãze delle cose celesti, come terresti. Poi bisognerà sudiuidere ciascuna delle predette parti fatte nelle dette righe in altre dieci parti, si che mezo il trauersario sia di 10000. parti, le quali poi cõ l'intelletto si figurerà in altre tante parti, se sarà possibile, & così si hauerà perfetta l'opera.

Seguita l'essempio del Raggio Geometrico più à basso.

COme si deue vsar questo strometo detto raggio Geometrico. Porrassi il trauersario sopra qualche particola del raggio vguale al detto raggio, & s'haurò più cõmodità andare auanti, che à dietro verso la cosa, che vorrò misurare, spengerò il trauersario auanti, & se meglio mi tornarà, andare à dietro, tirarò a dietro il trauersario su'l principio del raggio, & porrò all'occhio il trauersario col raggio per longhezza. posto che sarà all'occhio il raggio, mi mouerò a poco a poco, fin che l'estremità del trauersario scoprirãno le altezze, che vorrò misurare; & scoperto farò vn segno al luogo doue sarò.

Poi mutando luogo, se mi tornerà bene, andando à dietro per linea retta muouo il trauersario dal detto luogo primo cõ

tanto

tanto interuallo del luogo primo, quanto è lungo il trauersario verso il fine del raggio, aggiongēdo il primo sito, oue eran tante parti quante mi mostrerà la distanza, per l'estrema parte del trauersario vn segno, & similmente pur a dietro mi scosterò pur per retta linea vn tātino, per veder di nuouo se s'incontra la vista per l'estreme parti del trauersario, & trouato, che è l'incōtro, bene guarderò la distāza delli due segni fatti in terra, che sarà l'altezza della cosa che misuraro, & come più abōdantemente nella seguente figura si vede.

Essendo hora necessario per cōpita intelligenza, dar il modo di misurare ogni altezza, larghezza, ò rotondità di qualche torre, o vero di qual si voglia cosa; sarà bene che figuriamo lo stromento atto a ciò, & se ben sono gli stromenti, che da Geometri sono vsati, come l'annello sferico, il quadrante, & il bastone di Giacob, & altri, come da Gemafrisio si fa mentione,

& per più breuità & facilità ci varremo di questo bastone di Giacob, come si componghi questo stromento atto al misurare ogni cosa. Piglio vn bastone quadrato di che lunghezza si vorrà, di poi piglio vn'altro bastone pur quadro di longhezza d'vn palmo, & segnarò nel baston longo la longhezza del picciolo quante volte ci potrà capire, & sian fatti tanti segni, ò vero sfessure, poi siano poste insieme in modo di croce.

Et se vorrò misurare vn altezza d'vna cosa, porrò il bastone à qualche segno, ò ver forame del baston grande per modo di croce, & volto il bastoncello con le sue estremità, che guardino in alto, & a basso, & guarda per l'estremità prescritte con l'altezza della cosa, che si vorrà misurare, la qual hauuta, farò vn segno doue saro. Di poi porrò il bastoncello picciolo a vn altro segno, e mi mouerò ò inanzi, ò dietro, fin che vedrò p l'estremità predette l'altezza della cosa, la qual vista di nuouo segnarò il luogo oue son & quanto sarà dal primo segno del luogo oue prima ero al secõdo, tanta sarà l'altezza, che misurauo.

Della larghezza.

IL medeſimo farai nel miſurar la larghezza; ma vna ſol coſa differente farò, che ſarà il voltar l'eſtreme parti del baſtoncello non per altezza, ma per larghezza.

Della coſa rotonda.

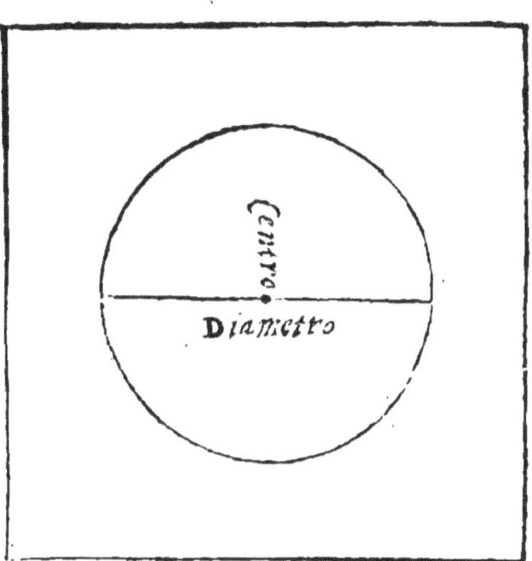

IL modo che s'vſa nel miſurare coſa rotõda. Pigliaſi il predetto baſtone, & ſi guarda per l'eſtremità del baſtoncello picciolo, come nella larghezza habbiamo detto, cercando il ſpatio in terra per diametro, il qual coſi ſi chiama: & queſto diametro lo tripartirò & aggiõgerogli la ſettima parte del diametro, & faraſſi la circonferenza de la coſa che vorrò.

DELLA

ASTROLOGIA

DELL'ASTROLOGIA.

ATTO capace l'intelletto del huomo delle cose fin quì trattate; è necessario passando più oltra, eleuarsi all'Astrologia, & discorrere di parte in parte, & di giro in giro il Cielo, i Pianeti, le Stelle, & quello, che breuemente in ciò imaginar si pote. Però diremo, che l'Astrologia è vn'arte, che insegna il sito del cielo & delle stelle. Et è detto da Astro, che è stella.

Il cielo è detto sfera per la sua rotondità. trattaremo adunque di questo cielo con quella facilità & breuità, che si potrà maggiore à parte à parte.

Questo cielo, ò vero sfera è vn corpo pieno, & intiero dal centro fin alla sua superficie estrema. Tutte le linee drittamẽte tirate sono tra se stesse vguali.

Le parti adunque di questa sfera saranno queste. La prima è del firmamento, che sotto giace all'Empyrio cristallino cielo, come più à basso si dirà, nel quale sono tutte le stelle, che si vedono, eccetto quelle delli sette pianeti. La seconda è la sfera di Saturno. La terza è la sfera ò uer cielo di Gioue. La quarta è la sfera di Marte. La quinta è la sfera del Sole. La sesta è la sfera di Venere. La settima è la sfera di Mercurio. La ottaua è la sfera della Luna. La nona è la sferà del Fuoco. La decima è la sfera dell'Aria. La vndecima è la sfera dell'Acqua.

La duodecima è la sfera della Terra, come nella seguente figura si vede.

In que-

In questa sfera vi è vna linea imaginata, che passa per mezo di tutta la sfera del Mōdo, la qual si chiama Asse. & li suoi estremi punti son detti Poli. l'vno de quali è detto Artico, & l'altro Polo antartico.

Questa Asse à guisa d'vn Asse da ruota è detta Asse del mondo, intorno alla quale va girando il primo mobile in spatio di 24. hore da Oriente in Occidēte, conducendosi dietro gl'altri sette cieli inferiori delli pianeti.

Vi è anco vn'altr'Asse del cerchio del Zodiaco, come più a basso si vedrà. Dalle quali Assi nascono medesimamēte li poli di ciascun pianeta, nominati Settentrionali & Australi.

DELLI CERCHII DELLA SFERA.

NElla sfera vi è vn cerchio visibile, detto Zodiaco nō vgualmente in ogni sua parte da' Poli del mondo.

Questo

Questo Zodiaco è di longhezza di trecento sessanta gradi, & di larghezza dodici, & è formato dal moto delle stelle erranti, & principalmente dal Sole.

Questo segno, ò circolo essendo diuiso in dodici parti, ha in ciascuna d'esse vn segno celeste co'l nome particolare, come

Capricorno. Aquario. Pesce. Ariete. Tauro. Gemini. Cancro. Leone. Vergine. Libra. Scorpione, e Sagittario.

Questi dodici segni sono dimostrati per caratteri, come quì si vede.

Ari. Tau. Gem. Can. Leo. Verg. Lib. Scorp. Sagit. Capr. Aqua. Pes.

♈ ♉ ♊ ♋ ♌ ♍ ♎ ♏ ♐ ♑ ♒ ♓

Questi sono segni settentrionali, Questi sono segni meridionali

Nel mezo di questo Zodiaco vi è vna linea nomata Eclipti- ca, come nella sfera più abasso si vedrà.

Le cose che si debbano considerare nelli segni celesti del Zodiaco sono le ascensioni & discensioni: l'orto & occaso.

L'Ascensione è vn montare d'alcun segno sopra l'Orizonte dalla parte orientale.

La Discensione è il discender d'alcun segno sotto l'Orizonte dalla parte d'occidente.

L'orto è l'apparire d'alcun segno sopra l'Orizōte dalla parte Orientale.

L'Occaso è vn nascondimento d'alcun segno sotto l'Orizōte dalla parte occidentale.

Di queste ascensioni l'vna è detta ascensione retta, quando vn segno del Zodiaco ascende sopra l'Orizonte con piu di trēta gradi di equinottiali, cioe, con maggior spatio di tempo di due hore, come per essempio monta à noi che habitiamo il segno del Cancro, del Leone della Vergine, della Libra. Scorpione & Sagittario.

L'altra poi è detta ascensione obliqua, quando vn segno del Zodiaco essendo nell'Orizonte con meno di 30. gradi di equinottiale, cioe, con minor spatio di tempo di due hore, come monta a noi, che habitiamo dall'Equinottiale verſo Settentrio ne al ſegno di Capricorno, di Aquario, e di Gemini.

Sono poi le diſcenſioni, vna detta ſimilmente retta, quando vn ſegno del Zodiaco diſcende ſotto l'Orizonte con piu di 30. gradi di Equinottiale, cioe, con maggior ſpatio di tempo che di due hore, come diſcendono à noi queſti ſegni, che habbiamo detto aſcendere obliqui. l'altra poi è detta diſcenſione obliqua, quando vn ſegno del Zodiaco diſcende ſotto l'Orizonte con meno di 30. gradi d'Equinottiale, cioe, cõ minor ſpatio di tempo di due hore, come, diſcendeno a noi quei ſegni, che habbiamo detto aſcender drittamente.

Viſte adunque le aſcenſioni & diſcenſioni, trattaremo delli orti de' ſegni de' quali l'vno è detto orto, ò ver naſcimento mattutino, quando vn ſegno laſciato a dietro del corpo del Sole ſi dimoſtra la mattina auanti l'apparir del Sole in Oriente.

L'altro è detto orto veſpertino, quãdo vno ſegno che è nell'oppoſita parte del cielo, nella quale ſe ſi troua il Sole, ſi dimoſtra la ſera doppo tramontato il Sole in occidente.

Vi ſono poi anco li occaſi delli predetti ſegni, vno detto occaſo veſpertino, quando quel ſegno nel qual entra il Sole per il ſuo lume ceſſa d'eſſer veduto la ſera in Oriente.

L'altro è detto occaſo mattutino, quãdo q̃l ſegno che è oppoſito all'orto matutino ceſſa d'eſſer veduto la mattina ĩ occidẽte.

Vi ſono poi li Cerchij della sfera, che ſono inuiſibili, & di ſola longhezza, de' quali alcuni ſono ſtabili che rimangono ſempre fermi nella medeſima parte del cielo: nella quale ſono ſtati imaginati da principio. Altri ſono più mutabili, che non ſtanno ſempre fermi nella medeſima parte del cielo: ma variano ſecondo la diuerſità de' paeſi.

Li Cerchij della sfera che ſono ſtabili, altri ſono diſteſi da Leuante al Ponente, & da Ponente al Leuante, li quali ſono detti pararelli per eſſer vgualmente l'vno dall'altro in ogni lor parte tra ſe ſteſſi diſtanti.

Altri ſono diſteſi dall'Auſtro al Settentrione, & dal Settentrione all'auſtro, che per li poli del mõdo paſſando, & vna

Croce

Croce fermandoci, indi poi in diuerse parti discorrendo, compartendo il Zodiaco, & ogn'vno delle cinque principali in quattro parti eguali, li quali sono detti Colluri.

Delli Pararelli l'vno è formato dal Polo australe dalla sfera del Sole, mentre ella e traportata dal primo mobile da Oriente in occidente intorno al polo australe del Mondo, & questo è detto Cerchietto australe & include in se la Zona freda australe, diuidendo la Zona temperata australe, il quale intorno al suo polo 24. gradi per ogni sua parte lontano girando, è sotto il nostro orizonte in maniera sommerso, che mai è da noi veduto nelle stelle che in esso si ritrouano.

L'altro è formato dal centro del corpo del Sole, quando egli è nel primo grado del Capricorno alli 22. di Decembre, mentre è traportato attorno dal primo mobile dal'oriente in occidente, il quale è detto Tropico del Capricorno, e confina dalla parte australe la Zona Torrida, & la diuide dalla Zona temperata australe, terminando il camino del Sole dall'Equinottiale verso austro.

L'altro è formato dal centro del corpo del Sole, quãdo egli è nel primo grado dell'ariete, & della libra alli 21. di Marzo, & à 24. di Settẽbre mentre è traportato attorno dal primo mobile da oriente in occidente, il qual è detto Equinottiale, & diuide la sfera del mondo egualmente in due emisperij, nell'emispero inferiore, che è verso Settentrione, distinguẽdo il Zodiaco in due parti uguali, cioe ne segni australi, & settentrionali. L'altro poi è formato dal centro del corpo del Sole, quando egli è nel primo grado del Cancro à 22. di Giugno mentre è traportato attorno dal primo mobile da oriente in occidẽte, il qual è detto tropico del Cãcro, & cõfina dalla parte Settentrionale la Zona torrida, & la diuide dalla zona tẽperata, terminãdo il camino del Sole dall'Equinottiale, verso Settẽtrione.

L'altro è formato dal Polo Settẽtrionale dalla sfera del Sole, mentre ella è traportata dal primo mobile da oriente in occidente intorno al polo Settẽtrionale del mõdo. questo è detto Cerchietto settentrionale, & richiude in se la Zona fredda ſettentrionale, diuidendola dalla Zona temperata ſettentrionale, il quale intorno al ſuo polo 24. gradi per ogni ſua parte lontano girando alla noſtra habitatione, poſto in modo, che noi à tutte l'hore lo potriamo vedere con tutte le ſtelle, che in eſſo vi ſono. Et perche di ſopra habbiamo detto, che de queſti cinque cerchij ò paralelli ſi dinotano le cinque zone, ſarà bene ſituare anco la loro figura.

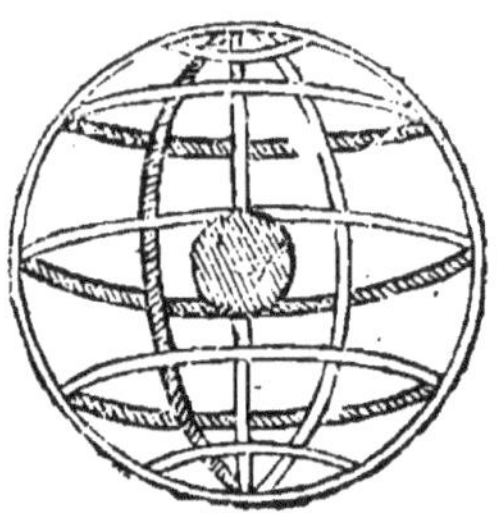

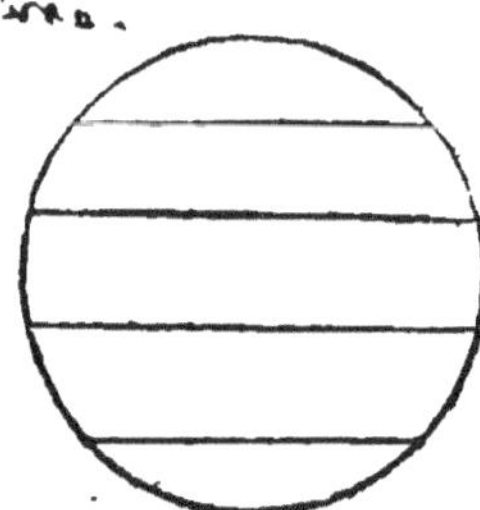

Li Colluri poi ſono due, l'vno è che diſcorre per l'Ariete, & per la Libra, & che diſegna i due tempi, quando il Sole ad eſſo peruenuto ne rende il giorno di 12. hore vguali alle notte, & queſto è detto Colluro delli Equinottij.

L'altro è che ſcorre per il Capricorno, & per il Cancro, & che ſi diſegna lo ſtato delle due eſtreme declinationi del Sole dall'equinottiale verſo auſtro, & dall'equinottiale verſo ſettentrione, & il giorno maggiore & minor di tutto l'anno, & è detto Colluro de ſolſtitij.

Eſſempio come nella Sfera.

SOno anco nella ſfera alcuni cerchij, che ſono mutabili, l'vno de quali è detto Orizonte, che diſtingue in ciaſcuna parte della terra quella parte del cielo, che vediamo, da quella, che nõ vediamo: il quale s'attrauerſarà l'equinottiale con angoli dritti, è detto orizonte retto, s'attrauerſarà con angoli non dritti, ſarà detto orizonte obliquo.

L'altro

L'altro è detto il Meridiano, il quale per li poli del Mōdo, & per il nostro vertice trapassando si diuide in punti, à quali giunto il Sole in spatio di 24. hore ne cagioni l'hora del mezo giorno dall'vna parte, e l'hora della meza notte dall'altra.

Ma perche di tutte le cose predette s'habbi la piena notitia, si figura per essempio questa sfera, nella quale sarāno situati li predetti segni & cerchij.

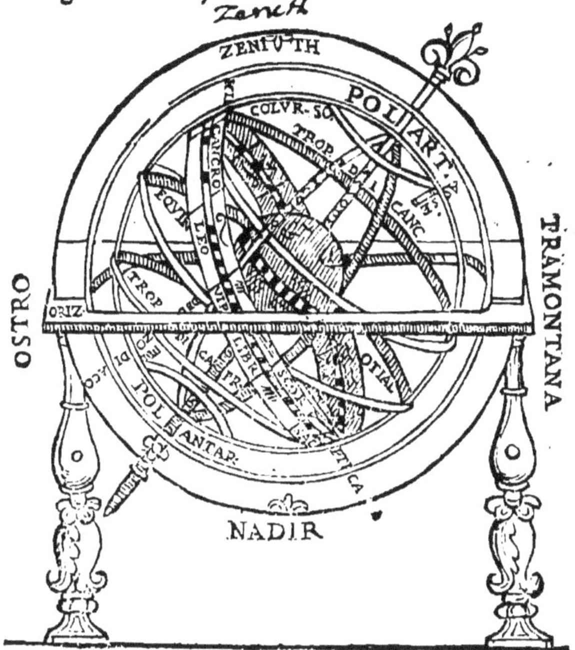

Delli mouimenti delle predette Sfere.

LI mouimenti delle predette Sfere sono diuersi, il primo de quali è del primo mobile intorno la terra da oriente in occidente sopra i suoi proprij poli, che sono i poli del mō-do. Il quale finisce il suo corso in spatio di 24. hore transpor-

tando

tãdo seco attorno tutti li altri sette cieli inferiori, Il fuoco, l'aria, l'acqua.

L'altro è delle sette sfere inferiori de pianeti, che vna doppo l'altra succedano al primo mobile da occidente in oriente di lor proprio moto, che riceueno ogni giorno dal primo mobile.

Il primo moto delli sette pianeti è quello della sfera di Saturno, ilquale mouendosi circolarmẽte da Occidẽte in Oriente sopra i suoi proprij Poli, e compie il suo corso circõdando il Zodiaco nel spatio di 30. anni.

L'altro è della sfera di Gioue, il quale mouendosi circolarmente da Occidente in Oriẽte sopra i suoi proprij Poli compisce il suo corso, & circonda il Zodiaco nel spatio di dodici anni.

Il terzo è la Sfera di Marte, il qual mouendosi circolarmente da Occidente in Oriente sopra li suoi Poli, fa il suo corso, & circonda il Zodiaco nel spatio di due anni.

Il quarto è della Sfera del Sole, ilqual mouendosi circolarmente da Occidente in Oriente sopra li suoi Poli, fa il suo corso, circonda il Zodiaco nel spatio d'vn'anno, cioe, di giorni 365.& hore 5.& 56.minuti.

Il quinto è della Sfera di Venere, ilqual mouendosi circolarmente da Occidente in Oriente sopra i suoi Poli, circonda il Zodiaco nello spatio di vn'anno.

Il Sesto e, della Sfera di Mercurio, ilqual mouendosi come fa gli altri, fa il suo corso in spatio d'vn'anno.

Il settimo è della Sfera della Luna, ilqual mouendosi, come gli altri sopra li suoi proprij Poli, fa il suo corso & circonda il Zodiaco nel spatio di 27. giorni à congiongersi col Sole.

Del seggio de i setti Pianetti.

IL Sole siede in Leone,
La Luna in Cancro,

Mer-

Mercurio fra Gemini e Vergine,
Venere fra Toro e Libra,
Marte fra Ariete & Scorpione,
Gioue fra Sagittario e Pesce,
Saturno fra Capricorno e Aquario: come meglio nella seguente figura si vede.

DELLI ASPETTI
delli dodici segni del Zodiaco.

I segni del Zodiaco si diuideno in 30. gradi per ciascuno d'essi, che fanno in tutto gradi 360.

La terza parte adunque di questi 360. gradi se consideraremo, vedremo che gl'aspetti de segni celesti sarà triangolare. La terza parte adunque sarà di gradi 120. & sarà aspetto trino. △

La quarta parte sarà l'aspetto, quadrato, come per essempio. □

La sesta sarà aspetto sestile, come così ✶ se si farà l'aspetto

per

per metà giusta, cioe di 360. che saranno 180. sarà aspetto per diametro, ò per opposito, come, ☍

Vi è, poi la congiuntione, che si considera nelli pianeti, come à suo luogo si dirà. ☌

Ma perche s'habbi con la solita breuità & facilità l'essempio delli predetti aspetti, si figurarà, la loro figura.

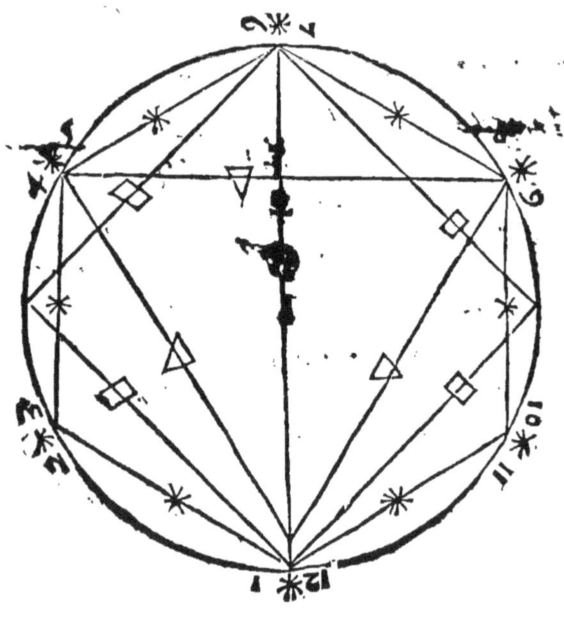

DEL-

DELL'ECCLISSE del Sole.

L'Ecclisse del Sole è l'interpositione che fa il corpo lunare, tra esso Sole & noi in modo che ne viene ad offuscare i raggi del Sole, come nella seguente figura si vede.

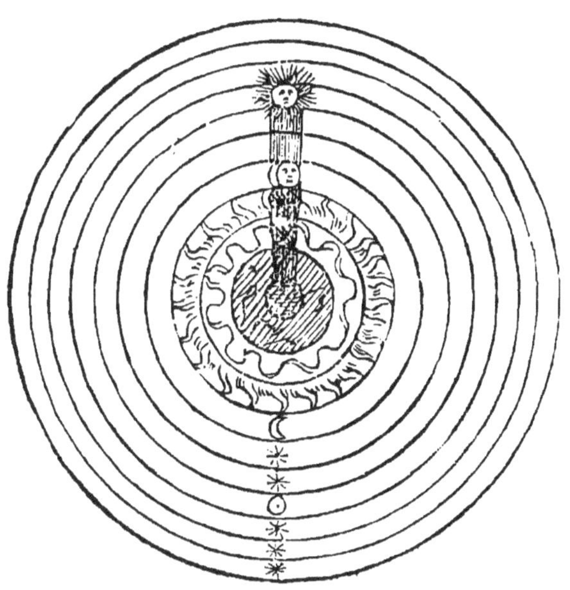

DELL'ECCLISSE della Luna.

L'Ecclisse della Luna è causata dall'interpositione della terra, essendo il Sole nel capo del Dragone, & la Luna nella coda, in modo che essendo ꝑ mezo l'un all'altro interposta la terra fra loro causa l'ombra della Luna, come nella seguente figura si dimostra.

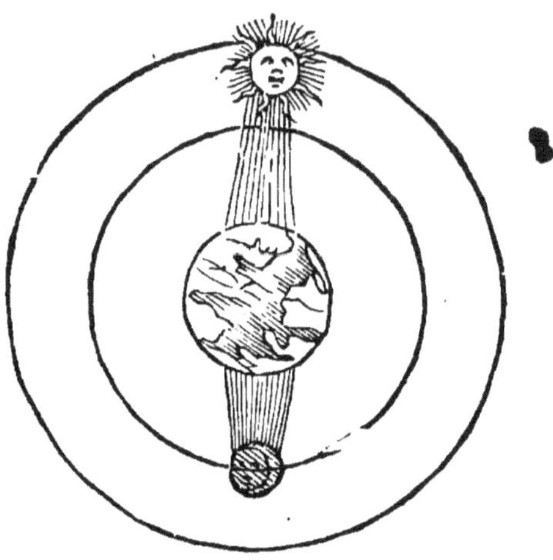

Delle Imagini celesti.

DOuendo trattar delli segni celesti, sarà bene far le diuisioni d'essi.

Si diuidono adunque le imagini celesti in tre parti, essendo che parte d'esse sono poste nel Zodiaco, come li dodici segni, altri sono Boreali, & altri sono Australi: quelli che sono collocati nel Zodiaco, sono li dodici Animali, come di sopra habbiamo detto.

In questi 12. segni del Zodiaco si ritrouano alcune stelle, che per esser molto segnalate, hãno riportato il suo nome proprio, come le sei stelle situate nel dorso del Tauro, sono dette Plegiade, & le cinque che sono nella testa del Tauro, sono dette Hyade: quelle poi che sono nel Cancro, & che rappresentano vna macchia nuuolosa, sono dette il Presepe, & due vicine al Presepe, sono dette Asinelli.

Et

Et vi è anco vna stella lucidissima nel cuore del Leone, laqual rispetto al luogo è detta Cor di Leone.

E ancora nella mano sinistra della Vergine vna lucente stella detta la Spigha.

Nell'vltima parte della man destra d'Aquario, sono quattro stelle dette Vrne.

Sono poi le Settētrionali, come l'Orsa maggiore, minore, il Dragone, tra l'orse, e il guardian dell'orse la Corona, la Saetta, l'Aquila, il Delfino, la Protome, l'Hype, cioe la parte d'auāti del cauallo, il cauallo Cefeo, la Isiopeia, Andromeda, Perseo, l'Auriga, il Triangolo, la chioma di Berenice.

Sono anco in questi alcune stelle segnalate, che con nome proprio sono nomate, come la stella lucidissima posta nella gamba del guardian dell'orse, nomata Aristauro.

Sono anco nella man sinistra di Perseo alcune picciole stelle: ma spesse in guisa di Falce cosi detta.

Nella spalla dell'Auriga è vna stella nomata Capra, & due altre li Capretti: sono australi tutte queste stelle, che sono poste dal Zodiaco nella parte australe, come, Orione, Procione, la Lepre, Argo, l'Idra, la Tassa, il Coruo, il Centauro, il Turribulo, l'Australe Pesce, il Ceto, ò Balena, l'Acqua sparsa da Aquario, il fiume che nasce da Orione, l'Austral corona.

Vi sono parimente in queste imagini australi, alcune altre stelle, come, la stella nel Procione cosi detta, & quella lucida posta nella bocca del Cane cosi detta, la stella posta nel timone della Naue è detta Argo, la qual à pena si vede ne i luoghi alti.

Le imagini celesti secondo l'opinioni de migliori sono 48. nelle quali sono considerate in tutto stelle 1022.

Delli qua i segni sono poste nel Settentrione vintiuna, nel Zodiaco 12. & nella parte australe 15.

Et queste 1022. stelle da più intendenti sono state formate in sei figure di grandezza, come più à basso si dirà

Della prima grandeza ve ne sono 15 ✳

Della seconda ve ne sono 45 ✳

Della terza ve ne sono	248 ✱	Della sesta	49 ✱
Della quarta	474 ✱	Occulte.	9
Della quinta	217 ✱	Nebulose.	5

Nella parte Settentrionale, come habbiamo detto, vi sono poste 21. figura, nelle quali vi sono poste stelle 360. tanto manifeste quanto occulte. Et prima ve ne sono

Della prima grandezza	3	Della quinta	58
Della seconda	18	Della sesta	13
Della terza	81	Occulte	9
Della quarta	177	Nebulose	1

Nel Zodiaco vi sono stelle trecentoquarantasei.

Della prima grandezza	5	Della quinta	105
Della seconda	9	Della sesta	27
Della terza	64	Nebulose.	1
Della quarta	133		

Nella parte Meridionale vi sono 15. figure con stelle. 316

Della prima grandezza	7	Della quinta	54
Della seconda	15	Della sesta	9
Della terza	63	Nebulose	1
Della quarta	154		

Et di queste sei grandezze la prima, seconda, terza, quarta, sono da noi viste, l'altre con difficoltà si vedono per la sua picciola forma.

Della natura & qualità de sette Pianeti.

SAturno è di natura freddo e secco, terreo, mascolino, diurno e malinconico le sue infirmità sono spienza, ò vero milza, vesica, ossi, la quartana & altre infirmità procedenti da malinconia: il suo colore è nero, liuido, piombeo, poluerolento. Le sue pietre sono nere & oscure: il suo metallo è ferro: il suo sapore acetoso, la sua regione è clima primo.

Gioue è caldo & humido aere, masculino, diurno, & sanguineo. li suoi membri sono polmone, coste, cartilagine, fegato, polso, seme, arterie & sue infirmità. Il suo color è purpureo, fosco, flauo, cinericio, & verde: la sua pietra è smeraldo, e safiro, saffiro, il suo metallo è piombo, il suo sapore è dolce & bon odore, il suo clima è il secondo.

Marte è di natura calda, secco, igneo, mascolino, notturno, i collerico. Li suoi membri sono, fiele, rene, febre acute, aposteme calde, e terzane, resipile, carboni, & podagra; il suo color rosso, le sue pietre sono gemme rosse diaspe, il suo metallo è rame, il suo sapore amaro, acuto.

Il Sole è caldo e secco, mascolino, diurno, collerico con temperamento. Li suoi membri sono viso, nerui, cuore, lato destro, & sua infirmità, posteme di stomaco: il suo colore è aureo, scarlatto, le sue pietre sono li giacinthi, il suo metallo l'oro, il suo sapore è agro, acuto, pongitiuo, & buõ odore; nõ eccessiuo, & il suo clima è quarto.

Venere è frigida, humida, feminina, notturna. li suoi membri sono le matrice, rene, testicoli, mammelle, gola, e lombi. le sue infermità, Gomorrea, il suo colore è bianco, & secondo alcuni verde. le sue pietre sono margarite, saffiri, & ogn'altra bella pietra. Il suo metallo è stagno, il suo sapore è dolce, aromatico, il suo clima è quinto.

Mercurio è conuerseuole, è di quella natura con che è cõgionto, malenconico con adustione. li suoi membri sono memoria, fantasia, lingua, mani, bocca, ceruello: sua infermità, mania letargia, ogni specie di malinconia, oppilatione di fele, vomito, febre quotidiane; il suo colore vario, celeste, griso: le sue pietre sono strauaganti: il suo metallo argento viuo, il suo clima è sesto.

Luna è fredda, humida, feminina, notturna flegmatica. li suoi membri sono occhi, ceruello, stomaco, ventre, lato sinistro, intestini, & vesica, & le sue infermità; il suo colore è bianco, cinericio, ceruleo, la sua pietra è cristallo; il suo metallo è argento, il sapor è salso di mediocre odore, il suo clima è settimo.

Poscia che ragionato habbiamo della natura & qualità delli sette pianeti, sarà bene ragionare della natura & qualità de dodeci segni celesti.

Della natura & qualità de dodici segni celesti.

IL primo segno del Zodiaco è l'Ariete,& questo è il suo carattere ♈ è casa secondaria di Marte,è igneo,secco,collerico, mascolino, diurno, e orientale; le sue infermità, lepra, macchie rosse, sordità, febre acuta.

Il secondo segno è il Tauro. il suo carattere è questo ♉ è seconda casa di Venere,è terreo,frigido,notturno,settentrionale. li suoi membri sono, collo, gola.

Il terzo è Gemini. il suo carattere è questo ♊ è casa seconda di Mercurio, è aereo caldo e humido, diurno, settentrionale. li suoi membri sono braccio, spalla, & sue infermità.

Il quarto segno è Cancro. il suo carattere è questo ♋ è casa della Luna, è aqueo, frigido, humido.flegmatico,notturno, settentrionale; li suoi membri sono polmone, e le sue infermità.

Il quinto segno è il Leone, il cui segno è ♌ è casa del Sole, è igneo, caldo e secco, diurno, orientale, le sue infermità, nel cuore, nel stomaco, petto, febre pestilenti.

Il sesto è Vergine, il cui carattere è ♍ casa principale di Mercurio, è terreo, frigido, secco, notturno, settentrionale: le sue infermità nel ventre & intestini per malinconia.

Il settimo è libra casa principale di Venere. il suo carattere è ♎ è caldo, humido, sanguineo, diurno, meridionale; le sue infermità, lombi, rene, vesica, flusso di sangue.

L'ottauo è scorpione, il cui carattere è ♏ casa principale di Marte, aqueo, frigido, humido, flegmatico, feminino, notturno; le sue infermità nelle parti da basso, fistule.

Il nono è Sagittario, il cui carattere è ♐ è casa principale di Gioue, è igneo,caldo, secco, collerico, mascolino, diurno: l'infermità nelle coscie e natiche, febre per sangue.

Il decimo è Capricorno, il cui carattere è ♑ è casa principale di Saturno, terreo, frigido, secco, malinconico, l'infermità, ne ginocchij perdita di parlare.

L'vnde-

L'vndecimo è Aquario, il cui carattere è ♒ caſa ſeconda di Saturno, aereo, ſanguineo, diurno, meridionale; l'infermità, itericia negra, vene tagliate.

Il duodecimo è Peſce, caſa ſeconda di Gioue, il cui carattere è queſto ♓ aqueo, frigido, humido, notturno, meridionale; le infermità, podagra, rogna.

Dopoi che veduto habbiamo della natura & qualità delli ſette pianeti, dodici ſegni celeſti, ſarà bene ragionare delle manſioni della Luna.

Delle manſioni della Luna.

GLi antichi hanno tenuto che la Luna habbi vint'otto mã ſioni, ſecõdo gli affetti delle quali vediamo coſe diuerſe.

La prima manſione buona, la ſecõda, la terza, la quarta buone, la ſeſta non buona, la ſettima, e l'ottaua buone, la nona non buona, la decima, la vndecima, la duodecima, la terzadecima, la quartadecima & quintadecima ſon buone, la ſeſtadecima non buona, la decima ſettima, & ottaua, nona, & vigeſima buone, la vigeſima prima, la vigeſima ſeconda, la vigeſima terza, vigeſima quarta ſono buone, la vigeſima quinta, la vigeſima ſeſta peſſima, la vigeſima ſettima & la vigeſima ottaua nõ buone, quanto al medicar & all'agricoltura.

Queſte confluenze di pianeti ſon accreſciute ſecõdo le nature de ſegni & dignità, in che ſono: la caſa: eſſaltationi: e triplicità: termini & faccie, delle quali ſarà bene, che ne facciamo ragionamento.

Della mutatione dell'aria,

SE vorremo ſaper la mutatione dell'aria, ſarà bene ſaper le quattro ſtagioni dell'anno, cioe, la Primauera, calda, humida, ſanguinea. Eſtate calda, ſecca, collerica. Autunno freddo, ſecco, malinconico. L'Inuerno freddo & flegmatico.

Se i pianeti caldi ſi riſguardarãno, ò ſarãno congionti nelli

ſegni

segni ignei, denota superfluità di caldo nell'estate, nell'inuerno temperamento, e per il contrario nelli segni freddi,& cosi di segno in segno.

Sarà bene considerar secōdo li affetti de pianeti, e de segni.

Dechiaratione de Caratteri.

Congiontione ☌ oppositione ☍ aspetto trino △ quadro □ sestile ⚹.

La congiontione di Saturno con Gioue per molti giorni auāti & dopoi nelli segni ignei partorisce gran siccità, nell'humidi continue inondationi,& particolar diluuij.

L'aspetto di Saturno □ & ☍ & ⚹ con ♃ nelli segni humidi è causa di venti,pioggie,per molti giorni auanti,o poi, & masimamente quando s'aprano le porte, come piu à basso si dirà, come Saturno sopra il Sole per ⚹ Gioue sopra ☿ per ⚹ & per il contrario. similmēte Marte sopra Venere per △ & per il contrario.

Saturno con Marte nelli segni humidi genera pioggie con tuoni tre giorni auanti,& poi similmente □ ☍ e con ☌ piogge, fulgori con gran fortune.

Saturno ☍ □ ouero ☍ col Sole, pioggie,tempeste,freddi,& principalmente,ne segni aquatici, & è apertura grande delle porti.

Saturno ☍ □ ouero ☌ con Venere pioggie,freddi genera, masimamente nei segni aquatici.

Saturno □. ouero ☌ con ☿ nelli segni humidi pioggie, nelli segni secchi siccità.

Gioue ☌ □ ouero ☌ con Marte nelli segni humidi tuoni,lampi,con pioggie nelli segni secchi calidità.

Gioue ☌ □ ☌ con il Sole ☼ gran venti che scacciano pioggie.

Gioue ☍ □ ouero ☌ con ☿ venti & queste è l'apertion grande della porta,come più abasso si darà l'essempio.

Marte ☍ □ ouer ne i segni ignei col Sole ☼ denota siccità,nell'aquatici pioggie & tuoni con nocumento.

Marte

Marte ♌ □ ☍ con ☿ ne i segni humidi pioggie, mentre si sia fatt[illegible] elsi subito l'apertion delle porte, che è detta l'apertion di □ sopra, ☿ & per il contrario.

Marte ♈ ♂ ☍ con ☿ ne i segni caldi siccità & calidità, nelli acquei, pioggia.

Il Sole congionto con Venere ne i segni humidi massime per ☍ □ aspetto della Luna pioggia dimostra.

Il Sole & Mercurio congionti ne i segni aerei, come ♊ ♎ ♒ denota venti, ne i segni humidi pioggia.

Venere con ☿ congionti ne i segni humidi pioggie, ma ciascheduno delli predetti pianeti, & aspetti ha maggior forza quando la Luna è al coito, ouero per □ ouero per ☍ aspetto li riguarda.

Luna ♑ □ [illegible] uero ☍ nelli segni humidi fa giorni nubilosi freddi, & massimamente se i superiori pianeti fra di se si riguardaranno, per quadro, ouero per ✶ aspetto.

La Luna ☍ con ♃ fa il cielo pieno di nuuole bianche, & se, ♌ faran tuoni & baleni, se verrà à ☿ sarà aperta la porta de venti, similmente Gioue □ ouero ☍ con Luna, ma se tardi sarà il moto de pianeti sarà serenità per tal congiontione.

Luna ☍ □ ouero ☍ ne i segni humidi con ♂ pioggie & se sarà la Luna separata da Marte, & à Venere andarà, la porta sarà aperta.

Venere, ma se sarà ne i segni caldi farà nuuole rosse, & alcuna volta con pioggia.

La Luna ☍ □ & ☍ ne i segni humidi col ☍ Sole pioggie, & se sarà doppo tal cōgiontione immediate per ✶ ouero □ ouero ☍ aspetto à ♄ sarà aperta la porta.

La Luna □ ouero ☍ ouero ☍ ne i segni humidi con ♀ fa pioggie con freddi ma leggiere, ma quando à Marte per ✶ ouero □ ò ☍ sarà apreta la porta.

Luna ☍ o uero con Mercurio ☿ ne i segni humidi pioggie, quando la Luna si parte da Gioue, & va à Mercurio è apertione di porta, di vento & tanto più quanto che ♄ e ♂ per □ ouero ☍ ha l'aspetto.

Onde in tutte le congiontioni della Luna con li pianeti i suoi raggi per □ ouero ☍ sian notati.

Et perche di sopra habbiamo fatto mentione dell'aprir delle porte, che denotano mutationi d'aria, sarà bene formare esse porte, come s'apreno con facilità.

Apertura delle porte.

Apertura delle porte grande.

Et si dice aprir le porte mentre il pianeta si giunge con la Luna, & cosi apre la porta sopra d'esso.

Ma mentre vn'altro pianeta s'agiungesse all'altro pianeta si dice aprir la porta grande, & questa fa grandissima mutation d'aria.

Queste

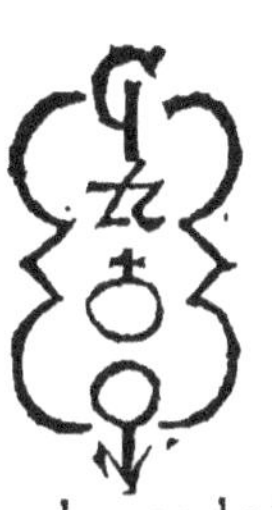

Queste due apertioni dinotano mutatione d'aria, tuoni, pioggie nell'Estate, & nell'Inuerno neui, vēti.

Se ☿ risguardarà pianeti che l'vno apra all'altro la porta, farà grandissima conturbatione d'aria.

Ma perche saria necessario farsi capace quì, in che modo si posſi hauer notitia & saper questi aspetti di giorno in giorno, come stieno per non esser più longo chiunque potrà legger l'Esimeride che facilmente lo vedrà.

Hora che habbiamo trattato de gl'aspetti de pianeti, sarà bene che ragioniamo delle case del cielo, lequali sono dodici: perilche se noi sapremo che altro è influsso, celeste della parte d'Oriente, altro d'Occidente, altro da mezo giorno, & altro da Settentrione, concorreremo nell'opinione commune, che siano nel cielo, sei cerchij grandi tagliati in due parti per diametro da Ostro in Settentrione, che passono per li xij. punti dell'Equinottiale, liquali cerchij diuidono tutta la machina mondiale in dodici parti: lequali sono dette case del cielo. Ma quei cerchij che terminano le case, sono dette Cuspidi. le estreme parti poi del predetto Diametro son dette Poli del Zodiaco.

Si diuide adunque le quattro parti dell'Equatore trauersato dall'Orizonte e Meridiano in tre parti vguali, & per li punti dell'Orizonte, & Meridiano, fanno quattro cerchij grandi, li quali diuidono il cielo in dodici parti, le quali sono dette case del cielo.

La prima delle quali è situata in Oriente, & si chiama Accidente, sotto la quale si adatta ogni cosa buona naturale.

Seguita la seconda, sotto il medesimo Orizonte buona. Seguita la terza, angolo della notte buona. Segue la quarta, angolo della meza notte buona. Segue la quinta buona. La sesta non buona. La settima angolo Occidentale buona. L'ottaua pessima. La nona buona. La decima detta angolo del Meridiano ottima. L'vndecima è buona. La duodecima non buona.

La prima casa quarta, settima, & decima sono case primarie & angularie.

La seconda quinta, ottaua, & vndecima secondarie, le altre quattro cadenti.

Nelle predette dodici case li pianeti, hanno certi gaudij, come Mercurio gode nell'ascendenti, luna nella terza casa.

Venere nella quinta.

Marte nella sesta.

Sole nella nona.

Gioue nell'vndecima.

Saturno nella duodecima.

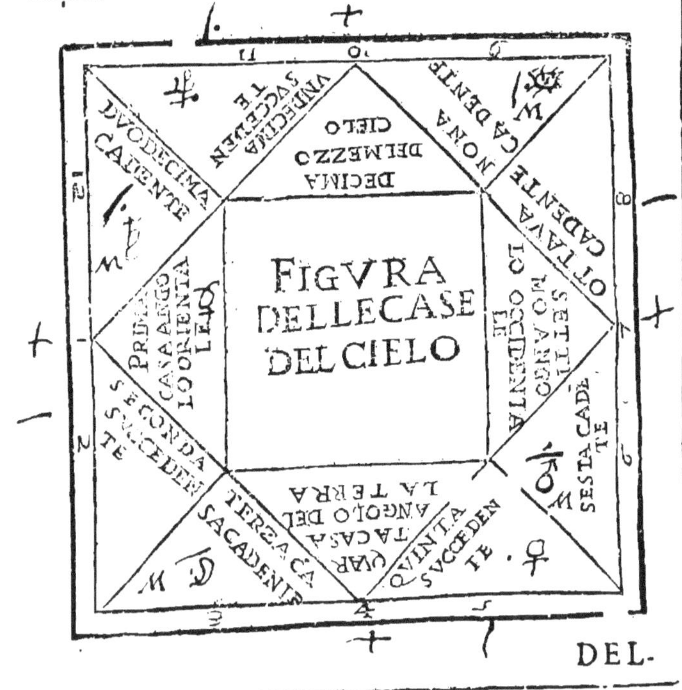

DEL-

DELLA GRANDEZZA DE CIELI de Pianeti, & Sfere loro, & delli Quattro Elementi.

IL Cielo Empireo ſtanza de Beati, immobile, è grãde ꝑ circuito 1031428571o.miglia & ꝑ diametro è 3600000000. & è lontano da noi 1799995500.

Il Cielo del primo mobile è miglia 6285714280. per circuito, & per diametro 2000000000. & è lontano da noi 999995500.

Il Cielo Criſtallino è di miglia 3767428570.per circuito, e ꝑ diametro 1200000000. e lõtano da noi miglia 599995500. finirà il ſuo giro da ponente a leuante il tempo 36000. anni.

Il Cielo ſtellato detto firmamento è di grandezza per circuito 10004779800. & per diametro 250023600o. & è lontano da noi 125007300.

In queſto cielo ſono li 12. ſegni celeſti del Zodiaco de quali di ſopra, & le ſtelle fiſſe. queſto Cielo farà il ſuo giro da ponente à leuante in 7000. anni. In queſto Cielo ſono 48. imagini computati però li 12. ſegni celeſti del Zodiaco: in eſſe imagini ſono ſtelle 1022. di ſmiſurata grandezza in ſei ſorti diuiſe. La prima è di grandezza di miglia 157140. per circuito, & per diamerro 50000. La ſeconda 139280. per circuito, & per diametro 44000. La terza è di miglia 136140.per circuito & 43000. per diametro. La quarta è di miglia 119140. per circuito & 36000. per diametro. La quinta è di grãdezza 97420. per circonferenza & per diametro 31000. La ſeſta è di grandezza di miglia 84850. per circuito, e per diametro 27000.

Nota ſi che la più picciola ſtella, che ſia in Cielo è maggiore di tutta la terra, & tutte l'altre ſtelle ſcintillano, eccetto li pianeti.

Il Cielo di Saturno è di grãdezza per circuito 613434000. & per diametro 195183600. & è lontano da noi, miglia 975873oo. & il corpo d'eſſo Saturno, cioe la ſua ſtella è di

142000.

142000. per circonferenza, & per trauerſo 45000. & fa il ſuo giro in anni trenta.

Il Cielo di Gioue è di grandezza di miglia 450378500. per circuito, & ꝑ diametro 144386oo. è lõtano da noi 70214800.

Il corpo d'eſſo Gioue è grande miglia 142000. per circuito, & 90640. per diametro. & fa il ſuo giro in anni 12.

Il Cielo di Marte è grande 309770300o. per circuito, & per diametro 126542000. & è lontano da noi 63266500. e il ſuo corpo è 50280. per circuito, e per diametro 16000. fa il ſuo corſo in anni 12,

Il Cielo del Sole è per circuito 5313287o. & per diametro 16000000. è lontano da noi 7995500. il corpo d'eſſo Sole fatto di raggi del ſplendor d'Iddio è grande per circuito miglia 188570. & per diametro miglia 60000. fa il ſuo corſo in giorni 365. hore 6.

Il Ciel di Venere è grande per circuito miglia 37460000. & per diametro 11920000. è lontano da noi 9555000. & la ſua ſtella è belliſſima grande per circuito 8210. & per diametro 2500. & fa il ſuo giro in giorni 348.

Il Cielo di Mercurio è per circuito miglia 5408290. & per diametro 1720820. & è lontano da noi miglia 860910. & la ſua ſtella è grande per circuito miglia 1130. & per diametro 360. & fa il ſuo corſo in giorni 348. come Venere.

Il Cielo della Luna è grande per circuito miglia 839070. & per diametro 279690. e lontano da noi miglia 135350. il corpo d'eſſa Luna è grande 10550. per circuito & per diametro 3020. fa il ſuo riuolgimento per li 12. ſegni celeſti in giorni 27. & hore 8. ma ſta anco giorni 2. hore 12. & minuti 44. à gionger il Sole con il quale fa la ſua cõgiontione, & nõ ſi può vedere, perche la parte illuminata è verſo il Sole, & va creſcẽdo ogni ſera quattro quinti fino 15. giorni & poi coſi cala.

Delli quattro Elementi.

LA Sfera del fuoco, qual nõ arde, è ben della medeſima natura del noſtro fuoco, è grande per circuito 175380. & ꝑ diame-

diametro 38700. & è lõtano da noi 15850. & in esso è assignato luogo alli spiriti ignei cosi consinati da Dio.

La sfera dell'aria non ha misura alcuna, ma si tiene che sia dieci volte maggiore della sfera dell'acqua, & in essa non sono li spiriti aerei.

La sfera dell'acqua non ha misura alcuna, ma si tiene che sia dieci volte maggior della terra per ambito, & in essa sono collocati spiriti aquei.

La terra è grãde 31500. per circuito, & p diametro 10020. la meta è 5011. del centro à noi, in essa sono spiriti terrei.

In questa terra vi sono le sfere delli minerali, che corrispondono con li pianeti del cielo. Il limbo & l'inferno.

Et s'alcuno non sapesse leuar li predetti numeri, vegga la tauola dell'Aritmetica predetta.

Delle descrittioni de tempi, che nascono dalli moti de Cieli.

PEr compito saggio di quest'arte, è bene, che si ragioni delli moti de Cieli & stagioni de tempi.

Il tempo si diuide in più parti nominate in diuersi nomi, & primo in instante, il quale è vn principio di tempo, che nõ riceue diuisione alcuna, se bene sono parte di tẽpo minori, che non sono in cõsideratione nostra; & da questa procede l'hora.

L'hora è il tempo, che è stato osseruato dal moto del Sole trasportato dal primo mobile da oriente in occidente, ò vero ascendendo sopra l'orizonte di giorno con quindici gradi di equinottiale, ouero discendendo sotto l'orizonte di notte con altri tanti, che fanno 24. hore, che è vn giorno naturale, il qual è vn riuolgimẽto del primo mobile del corpo del Sole intorno alla terra da oriente in occidente, & da occidẽte in oriẽte.

Dal qual tempo nasce la Settimana, la quale è di sette giorni, nel qual tempo la Luna fa il suo camino per il suo proprio corso del Zodiaco da occidente à oriente per lo spatio di nouanta gradi, che è la quarta parte d'esso Zodiaco.

Quattro

Quattro settimane fanno vn mese Lunare, che è vn giro de la Luna intorno al Zodiaco di suo moto da occidēte in oriēte.

Il mese Solare poi è quel spatio di tempo, che fa il Sole di suo proprio corso da occidente in oriente da vn segno del Zodiaco all'altro per spatio di 30. giorni.

Tre di questi mesi solari fanno vna stagione, che è il corso del Sole per suo proprio moto per tre segni del Zodiaco terminati dalli due Coluri.

Il corso del Sole, che fa per suo proprio moto per li segni celesti, cioe, Capricorno, Aquario, e Pesce, causa il Verno; Per l'Ariete, Gemini & Tauro, causa la Primauera; Per lo Cancro, Leone & Vergine, causa l'Estate; Per la Libra, Scorpione & Sagittario, causa l'Autunno, che sono le quattro stagioni dell'anno, dalle quali è causato l'anno Solare; che è il riuolgimēto, che fa il Sole per il segno del Zodiaco per il suo proprio moto da occidente in oriente, passando & fermandosi per ciascheduno delli dodici segni del Zodiaco.

Et questo spatio di tempo serue anco al moto di Venere, & Mercurio.

Due anni Solari fanno vna reuolution di Marte per il Zodiaco di suo moto da occidente in oriente.

Sei anni di Marte fanno vn anno di Gioue, cioe la reuolution di Gioue p il Zodiaco, di suo moto da occidēte in oriēte.

Due reuolutioni & mezo di Gioue, fanno vna reuolutione di Saturno per il Zodiaco per suo moto da occidente in oriēte.

L'anno poi vniuersale è grande per il spatio di tempo, che fanno questi sette cieli nel primo mobile, tornando tutti à quell'istesso segno & pūto donde s'erano partiti la prima volta. il qual tempo secondo la opinione de Platonici & Filosofi, è di 36000. anni solari.

Li Romani faceuano, che l'hore fussero di più sorti, cioe, pari, maggior delle pari, & minor delle pari.

Le hore pari erano quelle, che mostraua il Sole quando era nel primo grado à punto dell'Ariete, e della Libra.

L'hore maggiori erano quelle, che gli mostraua, essendone

segni

segni Settentrionali fuor che nel primo grado dell'Ariete.

Le minori erano quelle, che egli mostraua essendo ne segni australi fuor che nel primo segno della Libra; & questa diuersità procedeua dal loro horologio, il quale in spatio di qual si voglia giorno artificiale, ò longo ò breue, che egli si fosse, dimostraua sempre indifferentemẽte così l'estate, come il verno dodici hore, ma à proportione, cioe maggiore & minore secõdo la proportione d'essi giorni & grandezza loro.

Il giorno naturale anco si diuide in vn giorno artificiale, che si distende dal leuar del Sole sopra l'orizonte, al tramontar del medesimo & in vna notte, che continua dal tramontar del Sole sotto l'orizonte al leuar del medesimo. li giorni artificiali altri sono di 12. hore equinottiali, come quelli, che causa il Sole, essendo nel primo grado à punto dell'Ariete & della Libra.

Altri sono maggiori di 12. hore equinottiali, come sono quelli che egli fa nel restante dell'Ariete, nel Tauro, Gemini, Cancro, Leone, Vergine, de quali quanto alla nostra habitatione, altri sono di 13. hore, altri di 14. hore, altri di 15. altri ancora quasi di 16. altri sono minori di 12. hore equinottiali, come sono quelli, che egli fa nel restante della Libra nello Scorpione, Sagittario, Capricorno, Aquario, & Pesce, de quali altri sono di 11. hore, altri di 10. altri di 9. altri ancora quasi di 8.

In tutti questi giorni equali maggiori & minori, il Sole fa nel leuare sopra l'orizonte, & nel tramontarsi sotto l'orizõte più maniere d'orti, & d'occasi Solari, cioe, Hiemale, Vernale, Autunnale & Estiuo.

Fa l'horto & occaso hiemale, quando il Sole è più lontano da noi verso Ostro, essendo nel primo grado di Capricorno.

Fa l'orto Vernale & Autũnale & l'occaso nel mezo dell'orizonte tra ostro & settẽtrione, essendo nel primo grado dell'Ariete & della Libra.

Fa l'orto estiuo verso settentrione più che sia possibile, quãdo si troua nel primo grado del Cancro.

Li giorni poi della settimana chiamati furono appresso Romani

mani del Sole Luna di Marte, di Mercurio, di Gioue, di Venere, & di Saturno; & questo perche ciascuno delli predetti pianeti regna nella prima hora del suo giorno, come è noto appresso à tutti: Le quattro settimane poi sono le quattro stagioni della Luna, delle quali vna è quãdo essa procede dalla linea Australe del Zodiaco sin alla Ecliptica linea, che corrisponde al Verno, cioe dal corso del Sole dal Tropico, del Capricorno all'Equinottiale.

L'altra è quando la Luna procede dalla linea Ecliptica del Zodiaco fin alla linea settentrionale, che corrisponde alla primauera, cioe al corso del Sole dall'Equinottiale al Tropico del Cancro.

La terza è quãdo la Luna procede dalla linea Settẽtrionale del Zodiaco vn'altra volta alla linea Ecliptica, che corrispõde all'estate, cioe al corso del Sole dal Tropico del Cancro all'altra parte dell'Equinottiale.

La quarta è quando la Luna procede dalla linea ecliptica del Zodiaco fino alla linea Australe, che corrisponde all'Autũno, cioe, dal corso del Sole dell'Equinottiale fin al Tropico del Capricorno.

Il mese Lunare è di tre sorti. L'vno è il riuolgimento della Luna, come già habbiamo detto, dall'vno grado del Zodiaco sin che ella peruenga vn'altra volta al medesimo, circondando di suo moto da occidente in oriente tutto il Zodiaco perfettamente, & questo si chiama mese per circuito.

L'altro è quel spatio di tempo, che è da vno cõgiongimẽto all'altro della Luna co'l Sole, & si chiama mese di cõgiõtione.

Il terzo è quando la Luna incomincia apparire fin all'altra apparitione, & è detto mese d'apparitione.

Il mese di circuito è di 27. giorni e mezo. Il mese d'apparitione non ha fermezza, ma è di 31. giorno & più & meno secondo, che è situata nel suo Epiciclo.

Ogni stagione delle quattro che habbiamo detto causate dal Sole è diuisa nel principio, stato, & declinatione. Il principio del Verno è quando il Sole dimora nel Capricorno. Lo

stato

ſtato è quando è nell'Aquario. La declinatione quãdo ſi troua in Peſce. Et queſti tre tempi del Verno ſi chiamano appreſſo i Latini, prima hiems, adulta hiems, & præceps hiems.

Il principio della Primauera è mentre il Sole dimora nell'Ariete: Lo ſtato è mentre è nel Tauro. La declinatione è quando ſi troua in Gemini; & i Latini lo chiamano, primum ver, adultum ver, præceps ver.

Il principio dell Eſtate è mentre il Sole dimora nel Cancro. L'Eſtate è quando ſi ritroua in Lione. La declinatione è quando è nella Vergine, & ſono detti ſimilmente da Latini, prima æſtas, adulta æſtas, & præceps æſtas.

Il principio dell'Autunno è quando il Sole ſi ritroua nella Libra: lo ſtato è quando è nel Scorpione: la declinatione è quando è nel Sagittario, & ſi chiamano ſimilmente da Latini primus autumnus, adultus autumnus, & præceps autumnus.

Quando ſarà bon cauar ſangue.

SArà bene conſiderare che la Luna ha quattro quarti. Il primo de quali è dalla congiontione fin alla quadratura prima. gioua il cauar ſangue all'età Giouenile.

Il ſecõdo è fin all'oppoſitione, che gioua à gioueni & virili.

La terza gioua à virili & ſenili.

La quarta fin alla congiontione gioua à vecchi.

Si ſuole anco in queſto ſeruar gli aſpetti de Pianeti; il che per breuità ſi tralaſcia ricordando à chi è deſideroſo di ſapere, che di ciò nell'Efimeride diffuſamente ſe ne tratta.

Sarà anco bene oſſeruare in ciò la qualità del giorno naturale, &c.

IL FINE.

REGISTRO

† A B C D E F G H I K L M N O P Q R S T V.

Tutti ſono fogli eccetto V, che è mezo.

IN ROMA.

Nella Stamperia di Bartholomeo Bonfadino,

M. D. LXXXXVII.

www.ingramcontent.com/pod-product-compliance
Lightning Source LLC
Chambersburg PA
CBHW021809190326
41518CB00007B/518

* 9 7 8 3 7 4 2 8 8 7 4 9 8 *